善用图表

一看就懂的商业数据表达术

邢袖迪 著

U0334684

人民邮电出版社

北京

图书在版编目（CIP）数据

善用图表 ：一看就懂的商业数据表达术 / 邢袖迪著 . -- 北京 ：人民邮电出版社，2022.5（2023.8重印）
ISBN 978-7-115-58366-6

Ⅰ. ①善… Ⅱ. ①邢… Ⅲ. ①可视化软件 Ⅳ. ①TP31

中国版本图书馆CIP数据核字(2021)第265188号

- ♦ 著　　　　　邢袖迪

  责任编辑　赵 轩
  责任印制　陈 犇

- ♦ 人民邮电出版社出版发行　　北京市丰台区成寿寺路 11 号
  邮编　100164　电子邮件　315@ptpress.com.cn
  网址　https://www.ptpress.com.cn
  固安县铭成印刷有限公司印刷

- ♦ 开本：720×960　1/16
  印张：9.25　　　　　　　　2022 年 5 月第 1 版
  字数：184 千字　　　　　　2023 年 8 月河北第 2 次印刷

  定价：59.80 元

  读者服务热线：(010)81055410　印装质量热线：(010)81055316
  反盗版热线：(010)81055315
  广告经营许可证：京东市监广登字 20170147 号

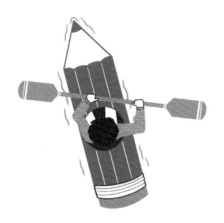

付出与收获

　　近年来，我一直有写一本书的想法，但每次的思绪就像浪花一样来去匆匆，或被遗忘，或被搁置在归档的文件夹中，自己只是偶尔心血来潮时才会在社交媒体上分享一点点有趣和有用的片段。幸运的是，通过近一年的坚持与努力，我终于有机会对这些信息碎片做一个系统的梳理，并通过本书分享给更多的人。总之，记录是为了没有焦虑的遗忘，而遗忘则是新的学习周期的开始。如此周而复始，乐此不疲。

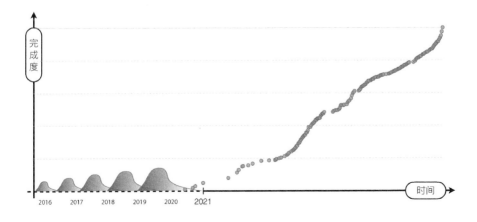

　　其实，编写本书的过程也充分运用了数据表达术。首先，基于本书的章节大纲，构建出一

个完成度模型。然后,在编写过程中记录每天的完成度,即数据的采集。最后,通过散点图的形式,呈现本书的创作进程。散点图中的每个点代表着一次打卡,也代表着向前推进一小步之后的一点点喜悦;不同的坡度则展现了创作心态的变化,即起步时的新鲜感,中途的困惑与坚持、信心的逐步建立,以及收尾时的坦然。

就像90-9-1法则中的金字塔模型,本书的创作过程也是一个努力攀爬与角色转变的过程。首先,我作为内容的消费者,在学习中打下的理论基础、工作中积累的实践经验,以及对相关资料的查阅,都构成了本书的素材。然后,作为内容的协作者,我"站在巨人的肩膀上",整理并分享了一些经典的图表模型与实例。最后,书中有一些原创的图表和想法,也是我为数据可视化这一领域贡献的一点点自己的发现。

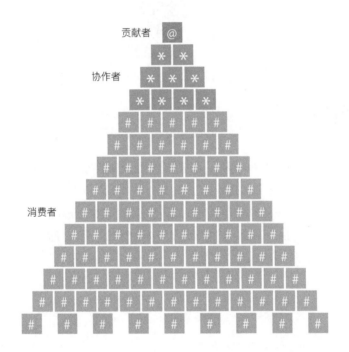

而对本书的读者来说,您首先是内容的消费者,希望本书可以为您开拓思路。然后,如果您愿意对本书的内容进行评论、分享和传播,便可跻身为内容的协作者。由于笔者知识体系和能力的局限性,以及编写过程的仓促,书中难免会有疏漏之处,在这里恳请各位读者理解并批评指正。最后,希望每位读者都可以成为内容的贡献者,讲述自己的数据故事、图表故事。

Ikigai模型可以翻译为"生活的意义"模型。它从4个维度去分析人们所忙碌的事情:是否热爱,是否擅长,能否用来谋生,以及是否被世界所需要。每两个维度的交集分别定义了热情、使命、职业和工作。而模型的中心,作为4个圆的交集,则达到了所有维度的标准,算是寻找到了生活的意义。

对笔者而言，本书的出版是一次对 Ikigai 模型的验证：用图表的形式去讲述数据的故事是笔者所热爱的事情，也是笔者通过学习与工作中的磨炼所擅长的技能，某种程度上更是笔者用来谋生的方式。况且数据可视化也是每个人都需要掌握的技术。综上所述，本书所做的对数据可视化知识的整理与分享是一件很有意义、很有挑战，也很快乐的事情，是笔者的付出，更是笔者的收获。

致谢

受数据分析专家科尔（Cole）的《用数据讲故事》一书的启发，致谢部分采用了类似甘特图的可视化效果，从家人 / 朋友、学习和工作角度去表达笔者心中的感谢。值得一提的是，甘特图中的横条通常都有一个截止时间点，但笔者相信横条上的这些内容的影响是深远而持久的，所以图中的每个横条都在时间轴上一直延续了下去。

感谢家人和朋友给予我的支持与鼓励。

感谢父母给予了我强有力的支持和爱，才有了这一段段丰富的经历。为人父母后，笔者更体会到这份爱的伟大，你们一直是我学习的榜样，我也总觉得自己做得还不够好。感谢漫画家仇吉祥在笔者的整个创作过程中给予的支持与帮助，并为本书的每一章创作了配图，期待着我们"一起去实现更多的大梦想和小梦想"。也要谢谢亦朵的到来，在此把这本书献给你。

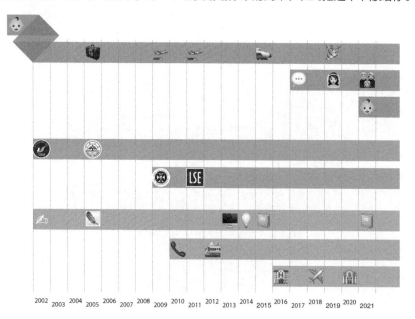

2002 2003 2004 2005 2006 2007 2008 2009 2010 2011 2012 2013 2014 2015 2016 2017 2018 2019 2020 2021

感谢每一段学习经历所埋下的种子。

在临沂一中的 3 年时光，特别是在逸兰亭文学社的经历，让我第一次体会到从文稿到铅字的辛苦与喜悦。感谢山东大学的培养，如果时光能倒流，我会更早地掌握编程技能；也要感谢业余时间作为平面设计师的那段经历，它加深了我对图表设计的认识。感谢爱丁堡大学让我体会到了钻研问题时的心流状态，也增强了我的数据力；感谢伦敦政治经济学院让我见识了更大的世界，从而更扎实地定位了自己。

感谢每一段工作经历赋予我的力量。

感谢铂金智慧（Ptmind）让我以产品经理的角色开始了职场生活，并强化了数据思维；同时感谢设计师刁臣宏对本书的视觉呈现给予的建议。感谢幻腾智能让我感受到了前沿科技的魅力，并拓宽了我对数据理解的思路。感谢 Orange Lab 让我体会到研发中心的意义。感谢ORR 让我认识到数据在公共决策中的价值。感谢 JFB 的信任与帮助，让我成为一名技术过硬的数据从业者，并开启了一段段精彩的旅程。

感谢人民邮电出版社赵轩编辑的信任与帮助，让我成为一名作者，谢谢他从本书选题到最终成书的整个过程中给予的指导。

最后，感谢自己的努力与成长。其实笔者数据表达术的旅程才刚刚开始，期待下一站的精彩。

本书图表类型汇总

在《西游记》中，当师徒四人来到朱紫国时，为了给国王治病，孙悟空用熬药时形成的锅底灰做成了百草霜。就像提炼出本书的"百草霜"一样，如下柱形图汇总了书中所整理或引用的所有图表。同时，笔者还参考了视觉传达矩阵，将图表分为数据型和概念型。如图所示，本书使用比较多的图表类型是线形图、矩阵、柱形图和表格，这些图表既可以讲述可量化的数据故事，又可以将抽象的概念可视化。

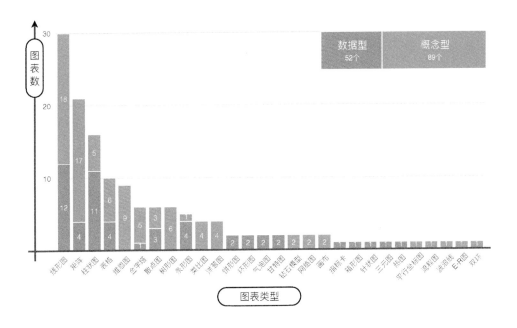

总体来说，图表类型的整体分布与长尾理论相契合：头部的图表类型简单易懂，支撑起了本书的大多数实例；而尾部的类型众多，丰富了本书的图表形式。另外，书中数据型与概念型图表的比例，也说明这不仅是一本关于数据可视化的书，更是一本用图表去讲故事的书。

目录

第 0 章

从零开始

0.1　图解力

从接受教育的第一天起，语文课就在培养我们的读写力，而数学课则强化我们的数字力。但还有一种能力没有得到足够的重视，那就是阅读图表，以及通过图表表达观点的图解力。如图 0-1 所示，每个圆代表一种能力，圆与圆的重叠部分代表着能力的融合。如果我们能把图 0-1 中的这 3 种能力融合起来，达到识字、识数和识图的境界，并能用图文并茂的数据故事去创造价值，我们在学习和工作中就拥有了一项宝贵的技能。

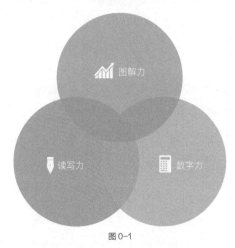

图 0-1

再从工具的角度来看，以微软公司的 Office 软件和苹果公司的 iWork 软件为例，我们最常用的 3 款办公软件分别用来处理文字、电子表格，以及制作与展示幻灯片，而这些也恰恰对应着上述 3 种能力：读写力、数字力、图解力。不过，对工具的掌握只是培养能力的起点，更重要的是思维的养成。培养图解力，既能让我们丰富传递信息的形式，又能拓宽我们分析问题的思路。

当 3 种能力真正融合起来的时候，我们便可以讲出一个不一样的数据故事。如图 0-2 所示，数字科学家 Zoni Nation 的"概率和数字的感知"项目是一个很有趣的三力合一的例子。它基于多份调查问卷，整理出一些表达数量的短语或单词所代表的确切数值，然后采用箱形图的方式展现出来。其中箱形图既保留了离散的细节，也概括了整体的分布。这一巧妙的设计实现了读写力、数字力和图解力的融合，也达到了"一图胜千言"的效果。

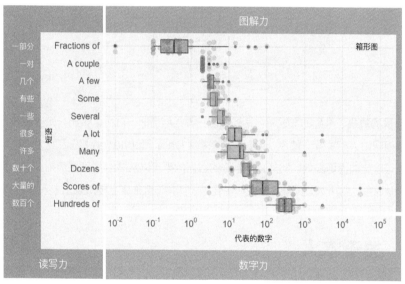

图 0-2

图 0-2 将人们常说的"一些"划定了一个具体的数值范围，也对这些表达数量的短语或单词进行了排序。进一步分析，以文本为载体的短语或单词是一种主观而感性的表达；数字是一种客观且准确的计量；而图表则更加生动和形象，与文字和数字相结合，便可以让原本抽象的文字和呆板的数字跃然纸上。于是，文字、数字和图表共同讲述了一个既有趣又有用，还能让人一看就懂的数据故事。

如果将读写力、数字力和图解力变成相应的载体，可以得到故事、数据和图表。这三者之间的两两结合，又会产生不同的合力（图 0-3）：当故事与数据相结合时，可以向读者解释数据的内容和洞见，让故事变得更加有力，让数据变得更加有用；当数据和图表结合时，可以帮助读者发现隐藏在数据背后的规律，从而启发读者产生新的见解；而当故事和图表相结合时，可以有效地吸引甚至愉悦读者，让其沉浸在不同的意境中。

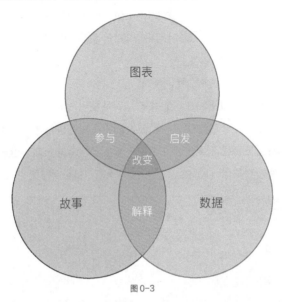

图 0-3

　　当正确的故事、准确的数据和合适的图表三者相结合时，就可以讲出一个有影响力的数据故事，从而帮助人们决策。如今，用数据讲故事（Data Storytelling）已经成为一项职场需要的技能，可以让沟通更高效。此外，一个好的数据故事可以从 3 个角度来评判：在时间维度上要让人印象深刻，在表达效果维度上要有说服力，在参与度维度上要做到引人入胜。

0.2　关于本人

a. 交叉学科的教育背景

　　在求学的道路上，从本科到研究生，笔者选择的一直都是交叉学科。如图 0-4 所示，每个圆代表一个学科，而两圆重叠的区域便形成了交叉学科。就像色彩的叠加一样，学科的交叉会产生出新的"色彩"，开拓出新的领域。

　　本科阶段在计算机学院受到的教育，给笔者播下了数据思维的种子；研究生阶段在数学院的学习，又夯实了笔者在数学模型方面的基础；而一路相伴的管理学背景，则培养着笔者的商业分析能力。或许是受交叉学科教育背景的影响，笔者在看待问题时既表现出理工科学生的逻辑严谨和思维缜密，也表现出商科学生的灵活变通和学以致用。而对一些没能直接应用到工作中的知识，笔者相信其影响也是潜移默化的。

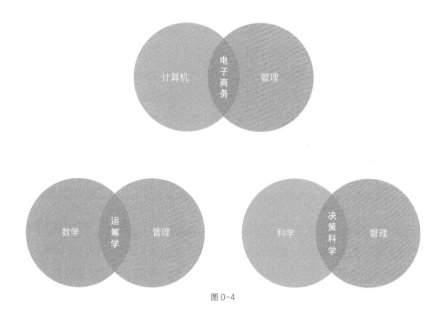

图 0-4

b. 跨行业的工作经历

　　对行业的分析和调研就像是勘探矿藏，在确定了位置（即行业）之后，便开始了不断下钻的过程。而岗位核心竞争力更像是钻头，在日复一日的打磨中日渐锋利。在这种类比的基础上，图 0-5 汇总了笔者工作经历中的行业与岗位的组合。

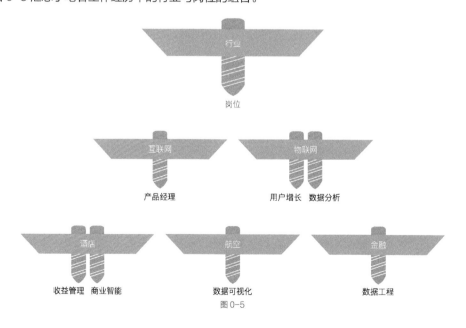

图 0-5

似乎是延续了交叉学科的广度，在职场的选择上，笔者也有幸经历了多个行业：互联网、物联网、酒店、航空和金融。虽然行业跨度大，但"钻头"的方向却没有太大的改变，我一直都在从事与数据相关的工作。或许从第一份工作起，作为一款数据产品的产品经理，数据思维就已经在我的头脑中扎根，而这种思维也成为一项可迁移的技能。此外，图 0-5 中的双钻头则代表着同公司内的转岗，代表着笔者以不同的角色、用不同的视角继续钻研着同一个行业。

0.3　本书框架

如图 0-6 的宫殿所示，本书由 3 个部分构成。基础部分（第 0 章～第 2 章）介绍了数据的本质和数据可视化的基础知识。数据是图表的内核，所以数据章节（第 1 章和第 2 章）就为本书奠定了基础。业务部分（第 3 章～第 6 章）从 4 个角度阐述了商业数据的表达方法：产品与服务、客户与市场、利润与商业模式、组织与运营。此部分还通过一些模型与实例展现了图解力的价值。进阶部分（第 7 章）则进一步介绍了讲好数据故事的要点，为本书落下了点睛之笔。

图 0-6

基础部分确保了宫殿的牢固度，业务部分像 4 根立柱一样支撑起了宫殿，而进阶部分则提升了宫殿的辨识度。其实对读者来说，阅读本书的过程就像是在建造一座宫殿：随着阅读的深入，读者可以结合自身的工作经验和知识体系，提升自己的图解力，巩固和完善属于自己的商业数据表达术。

0.4 读者群体

随着各行各业对"数据驱动"的热情越来越高涨，以及职场中对"用数据讲故事""数据可视化"的要求越来越高，本书的读者群体也变得更为广泛。即便你的工作并非以数据为核心，本书也可以帮你拓宽视野、丰富知识，进而成为一名通才。或许你已经是一名数据从业者，那么本书对数据的梳理和对图表的解读，就可以帮你夯实基础、强化技能，进而使你成为一名专才（图0-7）。

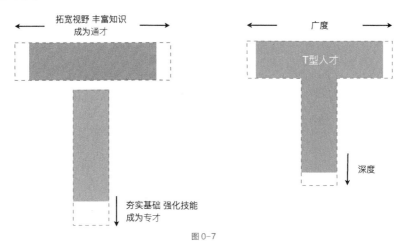

图0-7

如今，职场对 T 型人才的需求越来越旺盛：因为 T 型人才既有丰富的行业知识和广阔的视野，可以促进团队的沟通与协作；也有扎实的技术功底和核心竞争力，可以在工作中独当一面。本书既能在广度上培养读者的图解力和可视化思维，又能在深度上加强读者对数据的认识和对图表的运用。总之，如果你想提升自己的能力与价值，本书能够助你一臂之力。

第 1 章

数据的本质

1.1 数据的基本概念

1.1.1 常见的数据类型

定量数据，其表现形式为数值，数据之间可比较大小。根据数据的连贯性，定量数据又可以分为连续和离散数据。连续数据即一定区间内的任意数值，就像一个斜坡或者滑块，进一步细分，它又包括定距数据和定比数据。而离散数据就像阶梯，只能是某一级台阶所代表的数值，常见的有字号的大小、骰子的数值等。此外，像开关一样"黑白分明"的布尔数据也可被看作一种离散数据（图1-1）。

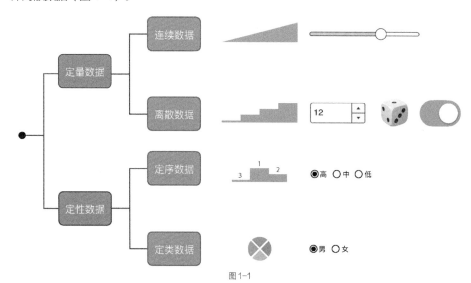

图1-1

定性数据，其表现形式是类别。根据数据能否排序，定性数据又分为定序数据和定类数据。定序数据是可以区分顺序的，但不能进行数学运算，也无法测量出类别之间的差异。比如在第一、第二、第三中，仅凭序数无法确定第一优于第二的程度；再如对于高、中、低 3 个等级，无法测量出不同等级之间的差异。而定类数据是不区分顺序的，更无法测量出类别之间的差异，例如性别、颜色等。

或许上述对数据类型的介绍有些生硬，但其实生活中并不缺乏数据类型的实例。例如，平板电脑的一些配置信息就涉及这里介绍的 4 种数据类型。首先，平板电脑的尺寸和重量（质量的俗称）表现为数值形式、可比较大小，可以是任意值，所以属于连续数据。然而计算机的最底层是基于二进制数来存储和运算的，所以存储空间的大小都是 2 的幂，属于离散数据（图1-2）。

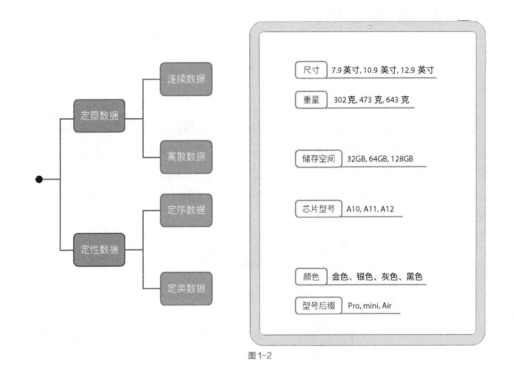

图1-2

随着技术的革新，芯片也在不断地更新换代，仅从芯片型号名称我们无法比较代际之间的差异，所以芯片型号属于定序数据。此外，颜色表现为类别，我们对此各有所好，所以它们是无法区分顺序的定类数据。而型号名称的后缀也表现为类别，不同型号的产品各有特色，很难进行排序，所以型号后缀也属于不区分顺序的定类数据。总之，对数据类型的熟练掌握，将为我们选择与展示图表打下基础。

1.1.2 时间数据

日期与时间是最常见的数据类型，但因为一些自身的属性，时间数据却变得很复杂（图1-3）。首先是特有的层级关系，即一层数据包含着下一层数据。在分析数据时，我们可以逐层下钻，发现数据中的细节；也可以逐层聚合，发现汇总数据后的整体趋势。其次是非十进制的计算规则，影响了指标的可比性，如月份中最短的2月，其总销售额或总访问量通常较低，在这种情况下，日均指标更有参考价值。此外，季度和周数据进一步增加了时间数据的复杂度。

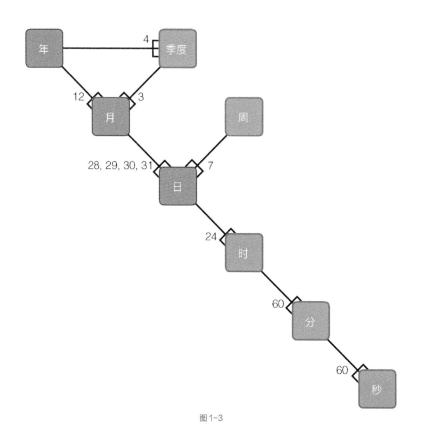

图1-3

为了简化时间数据中的复杂计算规则，柯达的创始人乔治·伊斯门（George Eastman）曾经提出国际固定日历（International Fixed Calendar）的设想。在这套日历中，每年有13个月，每个月有4周，每周有7天，并在年底额外增加一天，这便符合了每年有365（13x4x7+1=365）天的惯用标准。同时，年、月、周、日形成了固定的包含关系。可惜的是，这种看似完美的日历并没有得到推广，更没能撼动人们熟悉的日历规则。

数据的跨度和粒度是我们分析数据时必须考虑的因素，对时间数据来说更是如此。时间跨度决定了分析的时间范围，而时间粒度决定了分析的精度。以"2019 年 8 月 18 日"为例，在不同的时间跨度和粒度的组合中，我们会解读出不一样的数据。这其中有一些是显而易见的，如"8 月的第 18 天""星期日"等；而有一些则用于特定的数据分析场景，如"8 月的第 3 周"可以用于将月度目标细化到周之后的指标管理（图 1-4）。

		时间跨度			
2019 年8月18日		年	季度	月	周
时间粒度	季度	第3季度			
	月	8月	第3季度的第2个月		
	周	第34周	第3季度的第7周	8月的第3周	
	日	第230天	第3季度的第49天	18日	星期日

图 1-4

此外，由于不同行业、不同公司对于财政年度的定义不同，年度和季度的划分也变得多样。如果把 9 月 1 日定义为财政年度的第一天，那么 9 月则属于第 1 季度，而 8 月属于第 4 季度。无独有偶，周的划分也存在着不同的惯例：一周的起点可以是星期一，也可以是星期日，于是"下周"这个概念变得模糊。以上这些特例大大增加了时间数据的复杂度，也对人们在数据处理过程中的灵活性提出了更高的要求。

另外，日期格式也对人们的数据处理工作提出了一些挑战。由于各个地方人们文化背景和习惯的差异，日期有多种常见的表示格式：年月日，日月年，或月日年。为了更形象地介绍格式的差异，图 1-5 给出了两种类比。年、月、日的关系就像金字塔，不同的日期格式对应着不同的叠加顺序，我们可以从上到下去解读。另一种类比是厢式货车和拖车的组合，不同的装载顺序代表着不同的日期格式，我们解读的方向与阅读顺序相同，都是从左到右。

格式	显示结果	类比：从上到下 ↓	类比：从左到右 →
YYYY-MM-DD	2019-08-18		
DD-MM-YYYY	18-08-2019		
MM-DD-YYYY	08-18-2019		

图1-5

数据格式五花八门，因此在处理日期数据时，统一格式就变得非常重要，否则会造成数据的错乱，甚至产生不可修复的错误，例如"01/02/2019"可以被解读为1月2日或2月1日。总之，从数据工具设置到数据获取，从数据处理到最后的数据呈现，都要统一数据的格式和标准，不仅要在工具中设置好校验与提示环节，还要在文档中做好记录。当然，时间数据带来的挑战，也为数据分析师的岗位创造了一定的壁垒，毕竟机器还不能完美胜任这一环节。

1.1.3 空间数据

空间数据也是一种常见的数据类型，其自身的一些属性增加了数据的复杂度。首先，空间数据是存在层级的。例如，一个市包含多个区或县，同时一个市也只从属于一个省。但由于不同的市存在重名的可能，因此在关联数据表格时，需要采用"省＋市"作为关系键，以避免错误的关联。此外，层级关系也决定了数据可视化中的交互操作：通过数据下钻可以放大细节，通过数据聚合可以查看汇总数据（图1-6）。

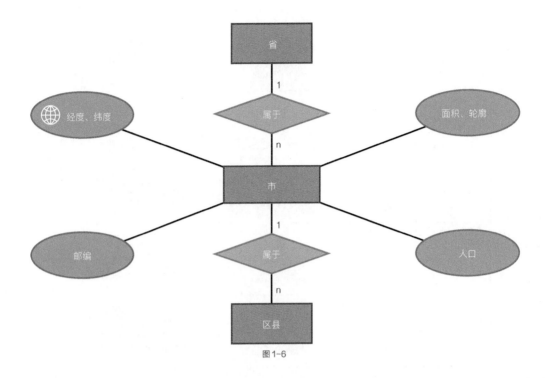

图1-6

空间数据还带有地理位置的属性，当提及一个城市时，可以通过经度和纬度精确地描述其位置。不过，经度和纬度是基于球坐标系（属于三维坐标系）的，所以两地距离的计算比在二维坐标系中复杂很多。其次，邮编也是一种结构化的属性，如果采用数字和字母组合的邮编规则，一个邮编甚至可以精确地对应某一栋楼。此外，面积与轮廓也是空间数据自带的属性，在地图一类的可视化图表中，常采用近似和抽象的方法去表述。

在常规的地图中，一个区域的地理面积与图中的填充面积成正相关。但当人口分布不均匀，或需要表达人口以及相关的经济指标时，便产生了一些矛盾：人口密集的区域承载的信息量过大，不能有效地传达一些细节；而人口稀疏的区域占据了太大的画幅，导致观看者注意力分散。于是，为了更有效地表达与地理相关的信息，并展示出一些容易被忽略的信息，常规的地图在经过简化、抽象和重构后，形成了一些衍生版本。

图1-7展示了欧洲国家和地区的人口数量。瓦片网格地图（Tile Grid Map）只保留了常规地图中相对位置的信息，并且通过色相、明度或饱和度去表达数据。

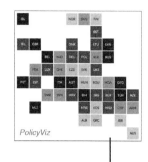

	地图 (常规)	示意地图	瓦片网格地图
位置	实际位置	相对位置	相对位置
面积	实际面积	表达一个维度	全部相同
轮廓	实际边界	网格化	正方形
颜色	无特殊意义	无特殊意义	表达一个维度

图 1-7

1.1.4 从狭义数据到广义数据

DIKW 模型（图 1-8）是一个整合了数据（Data）、信息（Information）、知识（Knowledge）、智慧（Wisdom）的金字塔模型。模型中蕴含着层层递进、向上攀爬的寓意：信息是经过数据处理而得到的有组织、有意义的数据；知识是有价值的信息，也是对信息的应用；而智慧是对知识的实践。数据和信息都是客观存在的，而知识和智慧则是主观的意识。在本书中，信息、知识、智慧都属于广义数据，和狭义数据一样都是图表的内核，它们在商业数据表达中发挥着重要作用。

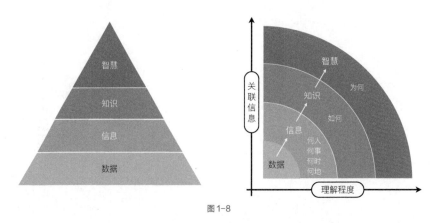

图 1-8

对 DIKW 模型的解读，也可以从关联信息和理解程度这两个维度入手。随着从部分到整体、从个体到群体的整合，关联信息变得丰富；而从研究到实践、从互动到反思，理解程度在不断加深。这是一个不断向外探索、创造价值的过程。此外，DIKW 模型也与 5W1H 分析法相契合：信息层对应着何人（Who）、何事（What）、何时（When）、何地（Where），知识层对应着如何（How），智慧层对应着为何（Why）。

从信息的沟通与传播的角度出发，建筑师理查德（Richard）提出了信息架构模型。这个模型将外部世界的事物定义为非结构化信息。我们通过收集与过滤活动，把现实变成了数据。通过进一步编码，数据变得有意义，成为了结构化信息。在信息被传播后，受众得到了结构化信息，通过解码获取了知识，在进一步的理解与记忆后转化为自己的智慧。在整个过程中，信息传播者就是连接外部世界与信息受众的桥梁（图 1-9）。

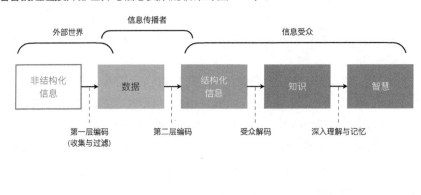

图 1-9

如果站在时间的维度上，我们可以对 DIKW 模型有新的解读。从数据到信息、再到知识，虽然伴随着信息量的丰富与理解程度的加深，但它们所涉及的都是已经发生而成为过去的事情。在理解并掌握了事物运行的正确方法之后，智慧则把知识应用到将来的实践中，从而创造出更大的价值。总之，在时间的坐标轴上，DIKW 模型是一个立足过去、面向未来的模型。

除了上述几个模型，图 1-10 还巧妙地展示了从狭义数据到广义数据的升华。起初，如同图中的灰点一样，数据原始而粗糙，难以使用。经过处理后，数据变得有意义、有组织，也有了活力。在如今这个信息爆炸的时代，庞杂的信息容易让人迷失，其价值依然有限。只有对信息进行归纳总结，将信息的孤点相连接，有价值的信息才能变成知识。

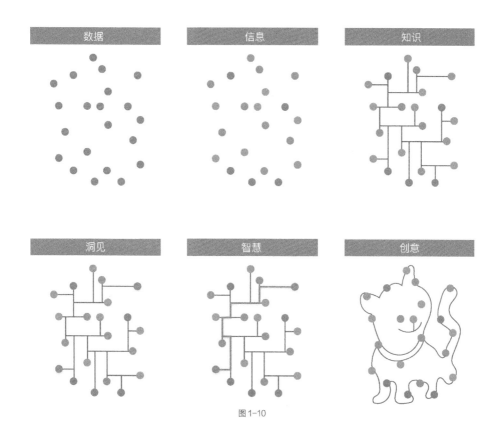

图1-10

洞见指的是面对海量的知识，识别出更有价值的知识节点。智慧就是找出从起点到终点的最优路径，这一步是对知识的最佳实践，也是对洞见的延伸。总之，从数据到智慧是一个循序渐进的过程，每一步都建立在前一步的基础之上。进一步讲，创意就是从看似平淡的数据和信息以及习以为常的知识中，发现意想不到的规律，而这一过程也常常超越了一般的智慧。

1.2　数据处理基本功

1.2.1　数据质量的检测

在处理数据之前，我们应该对数据质量进行检测，以确保它达到了可以使用的标准，从而避免时间的浪费和项目进度的延误。对此，数据从业者托马斯（Thomas）在《你的数据可信吗》一文中提出了检测数据质量的步骤，并以流程图的形式展示了该过程中的每一步。在图1-11中，圆角矩形代表了流程的开始与结束，菱形代表了判断的环节，矩形代表了行动的环节，而代表工作流的箭头将所有环节串接了起来。

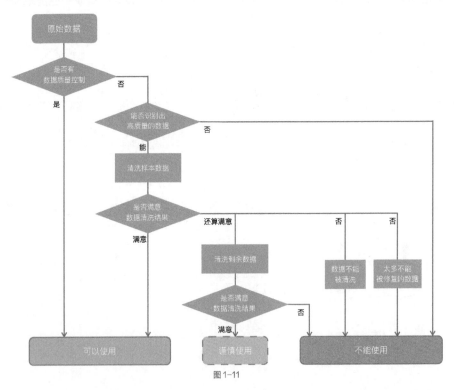

图1-11

对于数据质量的检测，我们可以从准确性、完整性和时效性等方面入手。数据的清洗则包括3种不同程度的操作：冲洗（批量替换或修改明显的错误值）、擦洗（需要深入研究甚至手动逐一修改），以及介于两者之间的洗涤。此外，检测的结果并不是非黑即白，还包括了"谨慎使用"的情况，也就是在无法获得足够高质量的数据时，我们要在数据质量和项目完成度之间寻找到平衡点。

1.2.2　数据转换

a. 数据的维度与指标

　　数据转换是把数据从一种表现形式转换为另一种表现形式，并保持数据的一致性。而转换数据前需要区分维度和指标这两类数据：维度是数据的属性，如移动端用户访问数据中的 App 版本、营销效果数据中的来源渠道、销售数据中的时间段和所属区域等；指标是用来具体衡量某个维度的量化标准，如 App 的注册用户数、衡量营销效果的转化率和留存率等。

　　对数据需求的拆解，进一步展现了维度与指标的不同。简单来讲，在一个数据需求中，"的"字之前的往往是维度，而之后的则是指标（图 1-12）。一些细化的数据，常常需要通过多个维度去描述，如航班信息中包含 3 个维度：时间段、航线和舱位。此外，在选择并使用维度与指标的有效组合时，需要结合实际的业务逻辑。总之，就像产品需求之于产品经理一样，数据需求可以帮助数据从业者分析并整理需求，而理清维度和指标则为数据处理奠定了基础。

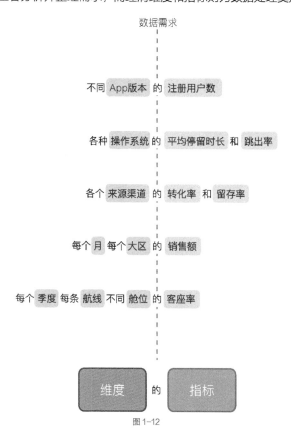

图 1-12

b. 透视与逆透视

数据透视是一种常用的数据转换操作，Excel 中的数据透视表甚至已经成为职场中的必备工具。以某知名茶餐厅的菜单为例（图 1-13），在这张"长表"中，表格的标题列包含 3 个维度：浇头、面类和份量，最后一列则是单价（指标）。长表的形式更贴近源数据的格式和数据的存储方式，但缺点是不易读，也不易于价格的比较。通过透视操作，长表可以转换为宽表；通过逆透视操作，宽表也可以转换回长表。

图 1-13

在第一张宽表中，标题列展示了两个维度，标题行展示了一个维度，而相应的指标则呈现在正文行中。在第二张宽表中，维度同样出现在了标题列和标题行。不难看出，宽表的形式更易读，更便于数据分析，适合在报告中使用。表格的形式虽然简单，但需要我们厘清维度和指标，并进行一定的数据转换。此外，在透视数据时，常常需要对指标数据汇总，如进行求和、平均值、最大值等操作。

1.2.3　数据分析的粒度：聚合与下钻

处理存在层级关系的维度数据（如时间维度中的年、季度、月、日）时，我们需要选择一个合适的粒度，并进行一定程度的数据聚合。聚合时常用的方法有求平均值或者求和，但在实际操作中，我们需要根据业务逻辑去定义。需要注意的是，数据的聚合是一种不可逆的操作，会丢掉数据中的一些低层级的细节（图1-14）。在一些可视化工具中，存储的是具有一定粒度的数据，而在图表呈现时再进行聚合计算，这也解释了数据加载过程为何会比较缓慢。

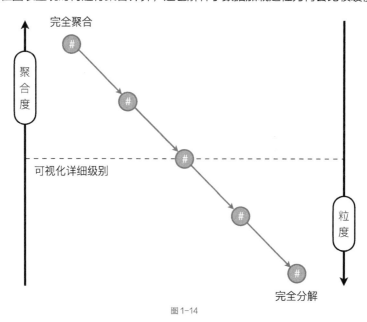

图1-14

为了设置数据分析的层级，数据可视化工具 Tableau 定义了可视化详细级别（Level of Detail）。我们在选择高聚合度的同时，就要放弃一定的粒度，两者不可兼得。此外，可视化工具中的交互操作也需要考虑数据分析的粒度，通过聚合可以感知汇总数据的概况，而通过下钻可以分析数据中的细节。

1.2.4 复合指标的创建

a. 绝对数值与相对数值

绝对数值是客观存在的，也是原始数据中最先采集到的。以图1-15中所示4座城市的收入与生活成本为例，其中的"平均收入"和"平均生活成本"都属于绝对数值。而相对数值是在绝对数值的基础上通过一定的计算生成的。例如，用平均收入除以平均生活成本，即作比，就得到了一组相对数值；再用平均收入减去平均生活成本，即作差，就得到了另一组相对数值（图1-15）。相对数值的排序也可以为决策提供参考。

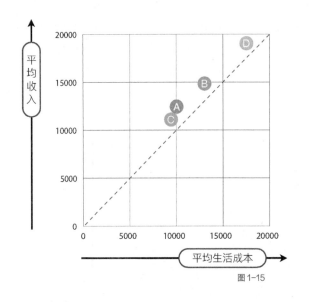
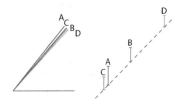

作比 ▼		作差 ▼	
Ⓐ	1.24	Ⓐ	2400
Ⓒ	1.17	Ⓑ	1800
Ⓑ	1.14	Ⓒ	1650
Ⓓ	1.09	Ⓓ	1500

图 1-15

如果只从绝对数值去分析，平均收入最高的是 D 城市，而平均生活成本最低的是 C 城市，仍不足以判断出从经济方面来看最适宜生活的城市。但从相对数值去分析，不论是作比还是作差，A 城市都会脱颖而出，这也体现了两个维度之间的权衡。此外，两个相对数值也可以通过图表的方式去表达：线的斜率代表了作比的数值，线条越陡峭，数值越大；而点到对角线上同横轴上的点的距离代表了作差的数值，且长度与数值成正比。

b. 百分比

百分比也是一种常见的复合指标，用于分析在一定的维度上不同个体所占的比例。百分比的计算方法看似简单，但需要根据业务场景去操作。图 1-16 展示了 3 种产品通过 3 个渠道所带来的销量，并附有按行或列的小计和总计。列百分比的计算是在各列之内完成的，其业务含义是在同一渠道中不同产品的占比。如果进一步使其可视化，则对应的图表是堆积柱形图，其中横轴代表了渠道，而每根柱子中的片段代表了产品。

同理，行百分比的计算是在各行之内完成的，每行的百分比总和为 100%。其业务含义是同一产品在不同渠道的占比。行百分比对应的图表是堆积条形图，其中纵轴代表了产品，而每根横条中的片段代表了渠道。如果把整张表视为总体，那么计算出的就是表百分比，代表了各种产品和渠道组合的占比。如果引入更多的维度，还可以计算出分区百分比、区中行百分比等复合指标。总之，百分比的计算方法取决于具体的业务需求。

图1-16

c. 巧用数学公式

　　复合指标的计算,可以在Excel或Power BI等工具中,通过公式或代码片段的巧用去实现。以酒店行业中入住天数的计算为例,图1-17阐述了不同场景的订单落在指标时间段中的天数,从图表的角度看,也就是两个时间段重合的天数。在数学公式中,先计算出起点的最大值(max部分)和终点的最小值(min部分),然后进一步计算差额,并修正负值,从而实现涵盖所有场景的计算。

$$\max(\,0,\,\min(\,止\,+1,\,止\,) - \max(\,起\,,\,起\,)\,)$$

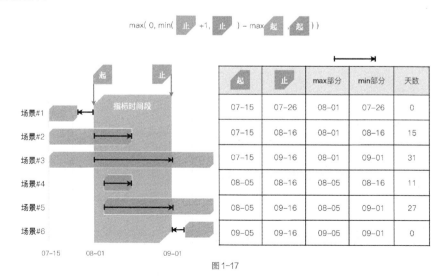

图1-17

看似简单的最大值（max）和最小值（min），通过有序组合，也可以完成一些复合指标的计算。类似的数学公式还有：绝对值（abs）、向下取整函数（floor）、向上取整函数（ceil）、整除函数（mod）、数值计数（count）、不重复计数、随机数等。虽然在不同的数据工具中，具体公式的语法略有差异，但这种四两拨千斤的计算技巧是非常值得学习和使用的。

1.3 常用的数据分析方法

1.3.1 累计求和：辅助目标管理

累计求和可以有效地跟进中长期项目，进而辅助目标管理。以新增用户数这一业务指标为例，在制定目标环节，我们需要根据业务的季节性和周期性，先将年度目标分配到每个月，再平均分配到每一天。随着项目的推进，柱形图可以呈现每日的新增用户数；与虚线所代表的每日新增目标相对比，可以衡量每天的业务情况；而累计求和后得到的线形图，则从更高的视角展示了业务的发展趋势（图1-18）。

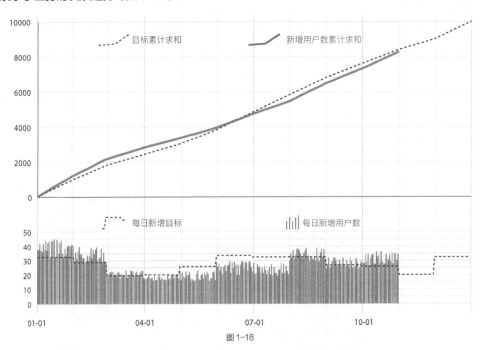

图1-18

柱形图所表达的新增用户数是一项增量数据，即某一时间段内数量的变化。该数据以过程为导向，我们可以从中识别项目实施过程中值得推广的长处和需要规避的短处。而线形图所表达的累计新增用户数是一种存量数据，即某一时间点的数量。该数据以结果为导向，将前期的数据累计后，可以帮助我们从长远的时间尺度去调整策略。总之，表达存量的线形图和表达增量的柱形图常常同时出现，我们只要取长补短，它们便可共同为目标管理提供帮助。

1.3.2　加权求和：整合多元目标

在同一公司中，不同部门因职责的差异，会面向不同的目标；即使在同一部门，从不同的商业角度出发，也会产生一些目标上的分歧。如图 1-19 中的数学公式所示，x 值代表了不同的子目标，w 值代表了相应的权重，y 值则代表了总目标。于是，不同的子目标，通过不同权重值的调整，整合成了一致的总目标。

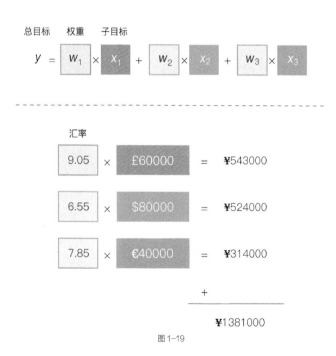

图 1-19

其实，对多元目标的整合可以类比成对多种外汇收入的汇总。例如，某外贸公司本季度收到了 3 种货币的货款。在与上季度的销售额进行比较之前，需要将这些外汇换算成以人民币计价的金额。那么，汇率就相当于赋予不同外汇的权重，而最终的总金额就是整合后的总目标。在这个例子中，汇率是由市场决定的，所以对外汇未来走向的预判，也影响着业务决策。

在整合多元目标的过程中，如何确定权重也是一项决策技能。奖牌榜的排序模型，把权重的影响变得直观：假如在金、银、铜 3 种奖牌之间存在一定的兑换关系，那么就可以计算出奖牌数的加权和，进而完成排序。如图 1-20 所示，纵轴代表着一块金牌可以兑换的银牌数，横轴代表着一块银牌可以兑换的铜牌数。于是，3 种不同奖牌之间就建立起了一种数据层面的兑换关系。

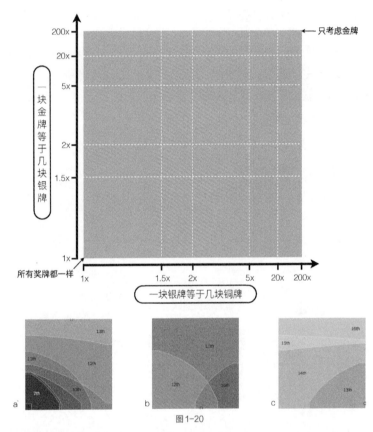

图 1-20

在这个二维热图模型中，每个点都代表着一种兑换关系：左下角的点非常"一视同仁"地给所有的奖牌赋予了同样的权重；右上角的点则"金牌至上"，只把金牌数视为总目标。对于每个参赛团体来说，不同的兑换关系也对应着不同的排名，进而可以绘制出相应的排名热图。以 a 为例，虽然只在金牌榜中位于第 13 名，但其奖牌总数的排名却是第 7 名，说明其整体实力不容小觑。

1.3.3 平均值：消除数据波动

商业数据常常存在着周期性的波动：周五、周六的酒店客房价格会较高，旅游胜地的机票价格存在着淡季和旺季的明显差异。如图 1-21a 所示，通过某地每日平均气温的曲线，可以看出一年四季气温的变化趋势。但数据波动的存在，影响了我们对趋势的判断。这时，平均值可以有效地消除数据的波动，从而更好地展现数据的趋势。

如图 1-21b 所示，通过移动平均曲线，气温的变化趋势变得一目了然。以 4 月 1 日为例，其"30 天移动平均气温"所涵盖的是 3 月 3 日到 4 月 1 日这 30 天的"每日平均气温"的平均值。图 1-21c 介绍了另外一种消除波动的方法——月平均值。直接按照自然月进行聚合，便得到了月平均气温。如图 1-21c 中的阶梯曲线所示，12 个月的气温变化分明。这种数据的聚合，虽然隐藏了数据中的一些细节，但是在更高的层面呈现出了数据的变化趋势。

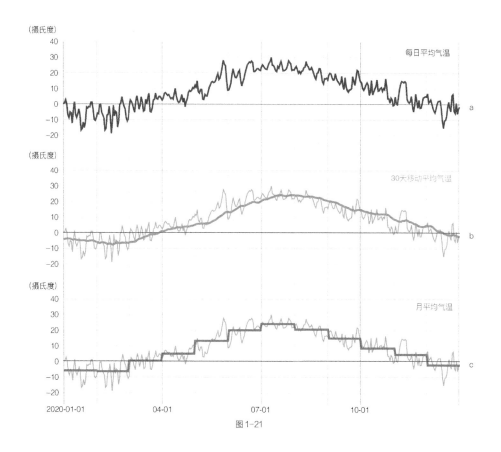

图 1-21

1.3.4 合理区间：识别数据异常

延续上一节的例子，基于 30 天移动平均气温，可以绘制出数据的合理区间，进而识别出数据中的异常。如图 1-22 所示，我们通常采用带状图去表达合理区间，其中的两条虚线分别代表了区间的上限和下限。当气温骤降或骤升时，气温曲线便超出了带状区域，从而触发数据异常的警示。在相应的商业场景中，气温的骤变可能会引起用电量的增加，以及某些事故发生概率的增加，需要准备好应对措施。

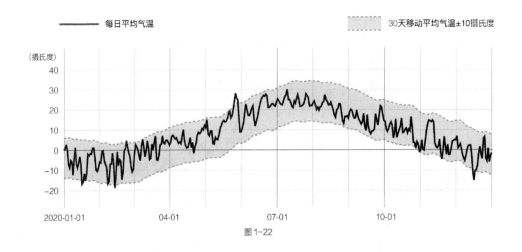

图 1-22

图 1-22 中的合理阈值设置为 10 摄氏度，即在 30 天移动平均气温的上下 10 摄氏度之内，由此得到了 13 个异常值。当阈值"收紧"至 8 摄氏度时，异常值增加至 34 个。阈值的设定，通常基于行业经验或者历史数据。当收到数据异常的警示时，我们需要进行进一步的调查，既可以从关联因素的分析入手，也可以查看有无特殊事件发生。例如，一个为期 3 天的音乐节，可以造成周边酒店入住率和房价的"异常"骤增，这时从收益管理的角度出发，需要对客房价格进行及时调整。

1.3.5　MECE 原则：确保数据无重复、无遗漏

MECE 即"相互独立、完全穷尽"（Mutually Exclusive, Collectively Exhaustive），它是由麦肯锡咨询公司顾问芭芭拉（Barbara）在《金字塔原理》一书中提出的原则。在将一个整体划分为不同部分时，从独立性的角度来讲，需要在同一个维度上划分，保证各部分之间相互独立、没有重复；从完整性的角度来讲，需要保证所有的部分被完全穷尽、没有遗漏。在图 1-23 所示的矩阵中，只有左上场景满足了 MECE 原则，即无重复、无遗漏。

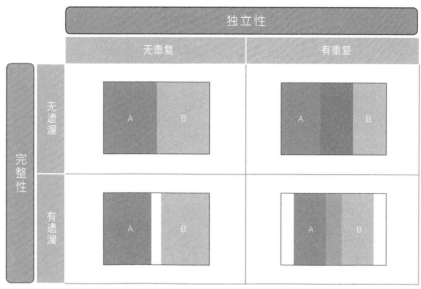

图 1-23

　　该原则常用于复杂问题的分解与梳理，可以让决策者的思路更清晰，决策过程更有条理。以矩阵模型为例，首先选定两个相互独立的维度，例如客户年龄段和客户服务阶段，然后在每个维度上进行划分：在客户年龄段维度上，根据客户自身属性，客户年龄段可分为 3 个类别，即 30 岁及以下、31 至 50 岁、51 岁及以上；在客户服务阶段维度上，则分为售前、售中和售后。最后便得到了符合 MECE 原则的 9 个单元格，我们可以针对客户各自的特点采取相应的客服策略。

第 2 章

数据可视化入门

2.1 图表的构成与语法

就像 Photoshop 图层一样，图表也是由不同元素叠加或拼贴而成的。如图 2-1 所示，图表可以被拆解为 5 个部分。第一，作为图表的内核，数据虽然是隐藏在图表背后的，却将图表中的所有元素连接起来。一些数据可视化工具提供了数据导出功能，便于我们对数据进行深入的分析。第二，坐标系部分就像舞台，展示着图表故事的背景，为不同的维度标明了方向和尺度。

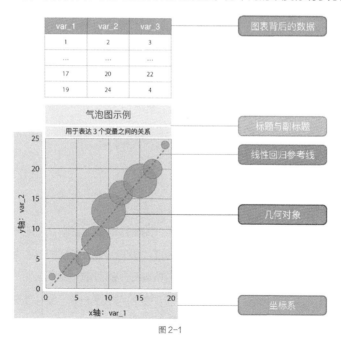

图 2-1

第三，几何对象是最核心的可视化元素，也常被赋予丰富的信息量。气泡的位置、体积、颜色、纹理、轮廓都可以用于表达一个维度。为了让有限的图表资源传达更多的价值，这一部分需要进行细节上的打磨和迭代。第四，参考线就像是点睛之笔，可辅助读者更快捷、准确地识别图表中的趋势或异常。第五，标题需要做到简洁但吸引眼球，而副标题可以客观地概括一下数据故事。

即便离开了 Tableau 之类的数据可视化工具，我们也可以通过代码去实现图表的绘制（见图 2-2）。为了能简明地描述图表的组成部分，知名数据科学家哈德利（Hadley）提出了一种分层的图表语法（Layered Grammar of Graphics），并编写了 R 语言中的可视化程序包 ggplot2。如图 2-2b 所示，从数据源的连接到坐标系的设定，从几何对象的调整到参考线的摆放，通过这段代码我们就可以完成气泡图示例图 2-2a 的绘制。

var_1	var_2	var_3
1	2	3
...	...	...
17	20	22
19	24	4

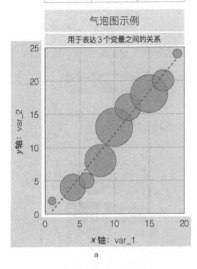

a

b

图 2-2

不难看出，ggplot2 的易读性大大降低了用户的使用门槛。其次，它还体现了化繁为简的思想，每一行代码只定义了部分图表元素，然后通过代码的堆叠去实现图层的叠加。同时，面对千变万化的图表类型，该程序包还遵循着"四两拨千斤"的原则，即只定义一些标准化的基本组件，复杂的图表可通过基础组件的组合去实现。当然，作为一个"面向数据"的程序包，复杂图表的绘制离不开用户对参数设置的掌控和灵活的数据处理能力。

2.2 图表的类别与选择

数据可视化是一个从数据到图表的过程。因此，我们可以从该过程的不同阶段去选择合适的图表类型（图 2-3）。本节整理了 4 种有代表性的选择工具：首先是根据数据结构从数据原材料出发的 DVP；其次是从数据关系入手的 Abela 图表选择树；再次是根据呈现结果，以结果为导向的数据可视化工具目录；最后是根据使用场景去选择的 FT 视觉词汇表（具体名词解释见后文）。

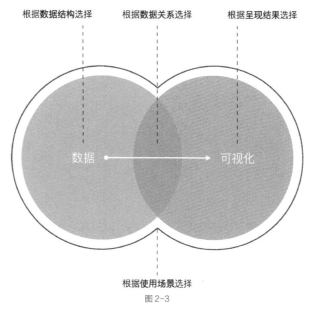

图 2-3

图表的选择可以类比为点菜：根据数据结构选择，就像是直接去后厨照着食材点菜；根据数据关系选择，就像是基于食材之间的搭配去点菜；根据呈现结果选择，则像是看着菜单上的图片点菜；而根据使用场景选择，则像是顾客向店家描述了自己的基本喜好、忌口、饭局目的等信息后，由店家直接推荐菜品。总之，越是高级的体验，越需要扎实的业务知识和对可视化的感知。

2.2.1 根据数据结构选择

DVP 即"数据可视化工程"的英文（Data Viz Project）首字母缩写，其根据图表种类、功能、形状和数据结构 4 个维度。这种从数据原材料出发去选择图表的思路值得其他领域借鉴：在用户选择了数据结构之后，DVP 会推荐相应的图表类型（图 2-4），通过简洁的示例，将不同数据结构的特点表达出来。其中 A、B、C 代表着同一维度中的类别，X、Y、Z 代表着不同维度上的指标，箭头代表着表格延伸的方向。

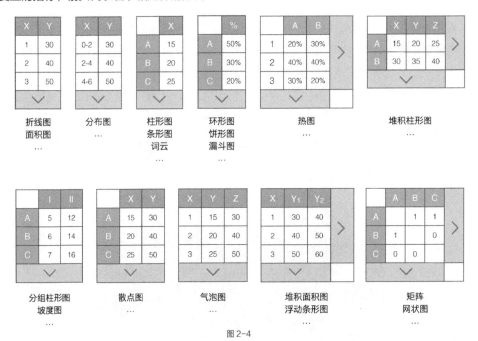

图 2-4

受篇幅限制，这里仅列举了一些常见的数据结构，以及其中部分图表类型。虽然对数据结构的梳理工作有些枯燥，但数据毕竟是图表的内核，所以值得认真研究。此外，如果用逆向思维去分析，针对不同的图表类型，DVP 也提供了需要准备的数据结构。数据处理的过程如同为宝宝准备食物，只有"喂养"合适的数据结构，才能得到期望的可视化效果。

2.2.2　根据数据关系选择

基于数据之间的关系，安德鲁·阿贝拉（Andrew Abela）提出了图表选择树的概念，将图表分为了 4 个类别：比较、构成、联系和分布。图表的选择从一个问题开始：你想展示什么？随后，根据变量、分类、周期以及动态或静态等因素，在选择树中层层下探，最终找到合适的图表类型。同时，利用选择树对数据关系的梳理，可以加深用户对数据的认识（图 2-5）。

如果想比较基于时间的一组数据：对于非循环的多周期数据，我们可以选择线形图；而对于循环的多周期数据，则选择雷达图。如果想展示随时间变化的一组数据的构成；对于少周期的数据，可以选择堆积百分比柱形图去表达相对差异，或者选择堆积柱形图去表达相对和绝对差异；而对于多周期的数据，可以用面积图去替代柱形图。此外，安德鲁还提出了幻灯片选择树（Slide Chooser），其延续了选择树的梳理方式，为幻灯片样式的选择提供了参考。

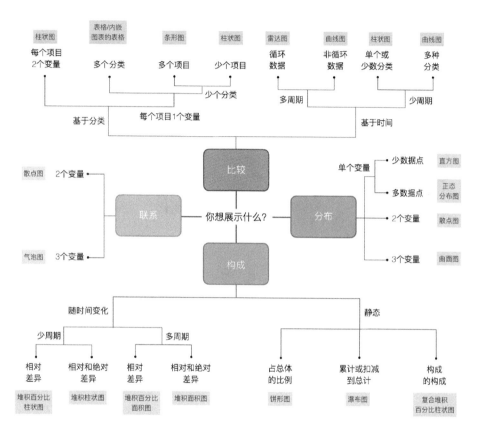

图 2-5

2.2.3 根据呈现结果选择

数据呈现结果可归纳为 5 个类型：图表 / 图解（Graph/plot）、图（Diagram）、表（Table）、地图（Map）以及其他。作为结果导向的图表选择法虽然清晰易懂，但也需要我们具备一些知识和技能的积累，才能找到合适的图表类型，这其中包括对图表背后逻辑的理解、对数据间关系的认识、数据处理的能力等"幕后工作"（图 2-6）。

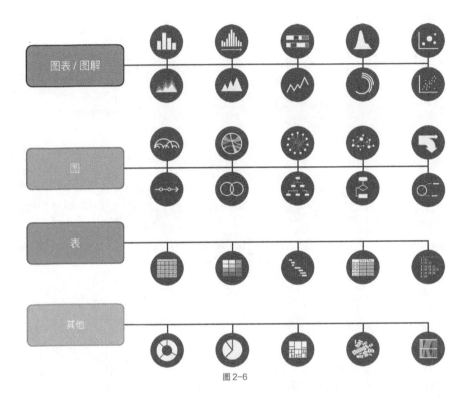

图 2-6

2.2.4　根据使用场景选择

《金融时报》总结与整理的视觉词汇表，从使用场景入手划分图表类型。该词汇表将图表归纳为 9 个大类：排序、幅度、相关性、偏差、分布、包含、流动、时间和空间，并为每个大类总结出相应的使用方法，列举了所包含的图表类型和使用场景（图 2-7）。例如，同样是条形图的呈现结果，在表达顺序前后时可选择"排序"类图表，在比较大小时则选择"幅度"类图表，而在表达与参考点的差异时则选择"偏差"类图表。

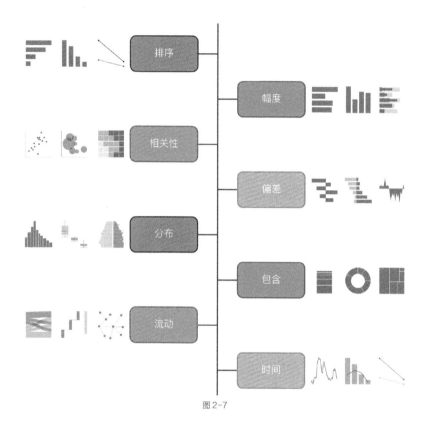

图 2-7

2.3 图表选择的过程

a. 视觉错觉

　　在选择图表前，我们不妨思考一个问题：通过视觉所获取的信息真的准确吗？其实，人们常常被自己的眼睛所欺骗，所看到的景象与客观信息存在着一定的偏差，也就是视觉错觉。图2-8汇总了几种常见的视觉错觉。对于线条，其两端箭头的朝向会影响我们对长度的感知，垂直线段看起来会比水平线段更长一些，但其实它们是一样长的（图2-8a）。

　　对于面积，垂直矩形的面积看上去比水平矩形更大一些，被小圆包围的圆要比被大圆包围的圆看上去更大一些，但其实每一组图形的面积都是一样大的（图 2-8b）。对于亮度，同样亮度的一个圆，在浅灰色背景中看起来要比在深灰色背景中更暗（图 2-8c）。此外，一条直线被遮挡后，会让人产生"错位"的感觉（图 2-8d）。总之，作为读者，我们要学会识别错觉，从而尽量控制错误的感知；而创作者则要避免在传达信息的过程中使人们产生错觉。

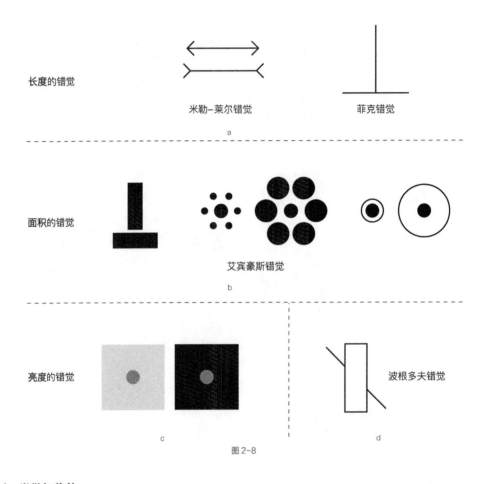

图 2-8

b. 发散与收敛

在选择图表的发散阶段，我们可以脑洞大开，从而发掘出更多的可能性。在《定量数据的 45 种表述方式》一文中，作者以数字 37 和 75 为例，整理出了多达 45 种表达方式。其中，既有常见的条形图、线形图、饼形图，也有密度、转动频率、象形文字等较高级的形式。总之，图表的种类是非常丰富的，我们要学会突破图表的"舒适圈"，勇于尝试新鲜的图表，把故事变得更加有趣。特别是在原型图阶段，千万别被技术所束缚。

在选择图表的收敛阶段，则需要考虑传递信息的效率和准确度，选择更合适的图表。统计学家克利夫兰（Cleveland）和麦吉尔（McGill）从图形感知（Graphical Perception）的角度出发，进行了一系列信息可视化的研究，提出了一个关于判断精度的排序。如图 2-9 所示，条形图、柱形图这些通过位置去传递信息的图表是最容易被感知的，从而可让人们做出更精确的解读和判断；而色彩饱和度、亮度、弯曲度之类的传递方式则需要慎重使用。

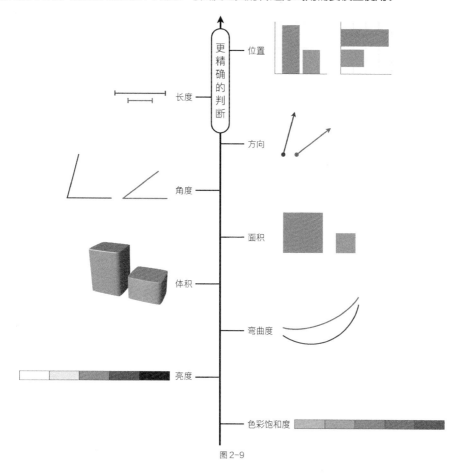

图 2-9

c. 图表之间的转化

就像产品的升级一样，图表的选择也是一个不断迭代的过程，读者不妨尝试一下图表之间的转换。毕竟图表都是以数据为内核的，在梳理出了如图 2-10 所示的数据关系后，便可以拓展出更多类型的图表：与表格形态近似、维度关系清晰的 2×2 矩阵，用点和线描述数据关系的网状图和弧线图，用于描述集合之间关系、常常蕴藏着哲理的维恩图，表述层级关系的树形图，等等。

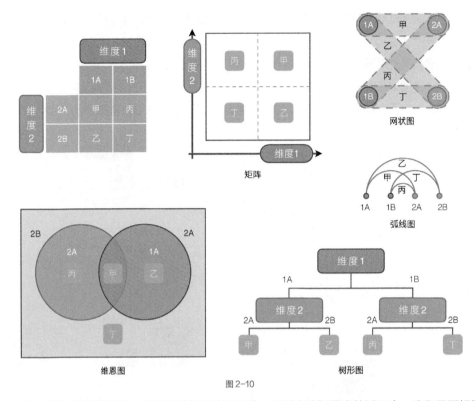

图 2-10

图表是为故事服务的，并且有着较高的灵活度。所以在选择图表的过程中，我们需要根据故事的上下文和主要的表达诉求，去决定图表的形态。千万不能为了呈现效果而去改变数据关系，更不能因图表的限制去改变故事的本意。其实，图表的选择常常伴随着功能性和视觉效果之间的权衡与博弈。而这既需要我们具有一定的理论知识作为支撑，又离不开经验的指引。

2.4　改善图表效果的建议

2.4.1　善用、巧用坐标轴

a. 统一的坐标轴

如果把图表比作一栋房子，那么坐标轴就相当于顶梁柱，它既为数据定义了度量，又为可视化指定了方向。在进行图表的解构与分析时，第一步便是找出图表的坐标轴，即使坐标轴被隐藏了起来。以某航班管理软件为例，通过实际起飞和到达的两组数据，我们可以识别出两个不同方向的坐标轴，这其实增加了图表的复杂度。另外，延误的起飞往往也会造成延误的到达，所以柱形图的高度不能表达任何意义（图2-11a）。

改进后的图表（图2-11b）采用了统一的坐标轴来表达时间，引入了两条参考线来表达计划起飞和到达的时间点，使用了悬浮柱形图来表达实际时间：柱的顶部和底部分别代表了实际起飞和实际到达的时间。于是，航班的准点情况变得一目了然。此外，柱形图的高度代表了实际飞行时长，这一点改进提升了图表的利用率。至于坐标轴的方向，则延续了大家在学生时代就熟识的课程表中的自上而下的形式。

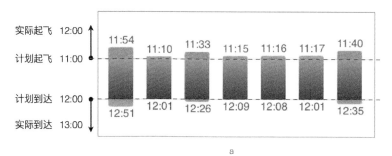

a

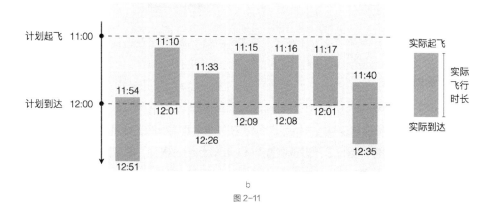

b

图 2-11

b. 灵活的坐标轴

当表达两组或多组数据时，坐标轴通常都是从起点对齐的，但其实也可以从中间对齐。如图2-12a所示，两个群体对一项提议或观点表达出支持或反对的不同态度，其隐藏的坐标轴是从左到右的。如果按照支持或反对的态度，将堆积条形图从中间对齐，不同群体的态度构成就会变得更加一目了然。在改进后的示例图2-12b中有两条隐藏的坐标轴，分别代表着正向和反向态度的堆积百分比。

常见的坐标轴大都是基于笛卡儿坐标系的，表现出横平竖直的形态（图 2-12c）。但在极坐标系中，坐标轴是弯曲的，这便开辟了一个新的可视化视角。以 iOS 系统中的健康应用为例，通过径向条形图中的 3 个圆环，可呈现出用户每天的活动、锻炼和站立的完成度（图 2-12d）。与传统的条形图相比，径向条形图更美观，也更高效地利用了空间。此外，其动画效果也展示出了超过 100% 之后被覆盖的信息。值得注意的是，即使代表同样的数值，外圈的条形看起来也会更长。

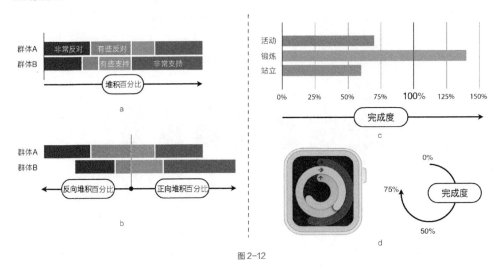

图 2-12

c. 从 0 开始的坐标轴

通常来讲，坐标轴是从 0 开始的，但有时为了凸显差异或变化幅度，坐标轴会被截取，其起点也不再是 0。信息设计专家塔夫特（Tufte）在其《定量信息的视觉显示》一书中，针对图表能否真实地传递信息，提出了"欺骗指数"（Lie Factor）概念，即用图表表达出的效果大小除以数据中的实际效果大小。为了尽量确保信息传递的客观性，该指数应该控制在 0.95 和 1.05 之间。如果该指数大于或者小于这个范围，则说明该图表夸大或者低估了原本的信息。

欺骗指数的引入，量化了原本主观的判断。图 2-13 所示的柱形图进一步介绍了这一概念。图 2-13a 和图 2-13b 都使用了从 0 开始的坐标轴，非常客观地传达了信息，其欺骗指数也都为 1。图 2-13c 的纵向坐标轴是从 8 开始的，进而夸大了两个数值之间的差异。不过在实际应用中，人们常常出于故事的要求或视觉上的考虑，截取部分坐标轴，在图表的真实性方面做出妥协。为此，我们可以考虑用线形图去替代柱形图，因为柱形图的填充效果暗示了坐标轴的起点是 0。

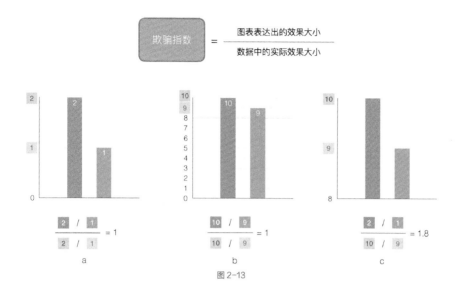

图 2-13

d. 更广的坐标轴

受纸张或屏幕的限制，坐标轴都有一个起点和一个终点，但其实我们可以跳出固有框架去思考，让坐标轴变得更广。以浏览器插件 Momentum 为例，在打开的空白页中，该插件会呈现一张漂亮的风景照片，并送上一句耐人寻味的话，还提供了收藏夹、待办事项、天气预报等定制化功能。此外，其时间的显示可设置成百分比的形式。从数据表达的角度来看，这是一个非常值得讨论的实例（图 2-14）。

图 2-14

在朝九晚五的 8 小时工作时间内，百分比从 0% 逐渐增加到 100%，给用户一种目标达成的感觉。其实，Momentum 的坐标轴并不局限于此。在更早的时段里，它巧妙地使用了减号，营造出一种倒计时的气氛——人们一分一秒地迎接着工作日的开始。而在更晚的时段里，它使用加号表达了这一段的额外付出。"+1%"这一类的数据格式，让人联想到商业数据中的增长率，或许这样的表达方式可以给我们在这段继续努力的时间里带来些许动力。

2.4.2　掌控好图表里的信息量

a. 避免维度上的信息焦虑

信息焦虑不但会影响数据故事的可读性，甚至会导致人们对图表的错误解读。为了掌控好信息量，首先应该控制好图表里的维度数量。这里以 SET 纸牌为例，这是一款体现了数据可视化思维的游戏。如图 2-15 所示，纸牌包含颜色、数量、形状和网底 4 个维度，每个维度包括 3 个类别或数值。所以，在一副牌中共有 81（3×3×3×3）张纸牌。

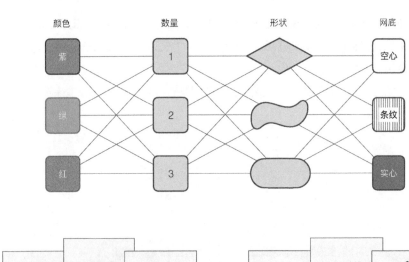

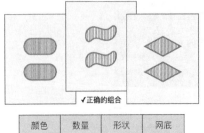

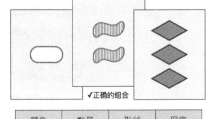

图 2-15

游戏的规则是识别出"正确的纸牌组合",即 3 张牌的每个维度,需要具有都相同或都不相同的类别或数值。如图 2-15a 所示,纸牌的颜色、数量和网底都相同,而形状都不相同,所以这是一组正确的组合。如图 2-15b 所示,3 张牌的 4 个维度都不相同,所以这也是一组正确的组合。但这组的情况较为复杂,所以不容易被发现,而且验证的过程也伴随着强烈的信息焦虑,需要人们在大脑中不断地切换维度。

关于一个数据故事可以承载的信息量,数据可视化的布道师汉斯(Hans)教授给出了一个值得参考的例子(图 2-16)。在这个用气泡图讲述的数据故事中,横轴代表了人口的平均收入,纵轴代表了人口平均寿命,气泡大小代表了人口,而气泡颜色代表了所在的大洲。此外,作为第 5 个维度,视频的时间轴代表了年份。在汉斯的引导下,随着故事的推进,观众们接收并消化着丰富但不过载的信息量。

这段视频一经发布,便受到了广泛的讨论和传播,起到了思维启蒙数据可视化的作用。首先,这是一个有用的故事,它把 200 多个国家和地区的近 200 年的数据融合在短短 4 分钟之内,耐人寻味。其次,这是一个有趣的故事,虚实结合的视频效果,以及站在图表中讲故事的呈现方式,都是吸引眼球的元素。其实,这还是一个有效的故事,因为基于维度的合理选择,它不但表达了数据可视化在广度上的发展趋势,还呈现了一些细节上的洞见。

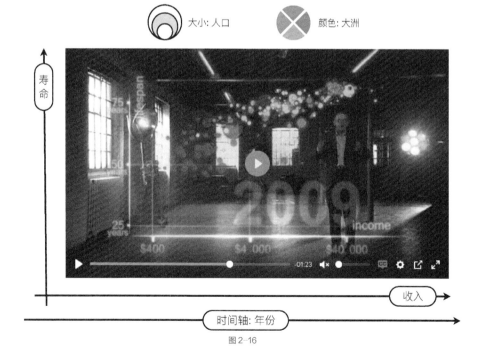

图 2-16

b. 跨度与粒度的组合

　　跨度决定了数据分析与数据可视化的范围，粒度则决定了其分析的精细度，进而两个维度共同决定了数据点的多少。跨度的宽广程度与数据点的多少成正相关，而粒度的粗细则与其成负相关。以 iOS 系统中的健康应用为例，其时间跨度决定了查看数据的时间范围，共包含年、月、周、日 4 个层级；而时间粒度决定了数据汇总的层次，共包含月、日、时 3 个层级。如图 2-17 所示，在"年"跨度与"月"粒度的组合中，12 根柱子代表了一年中用户每个月的日均步数。

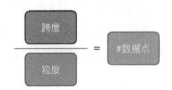

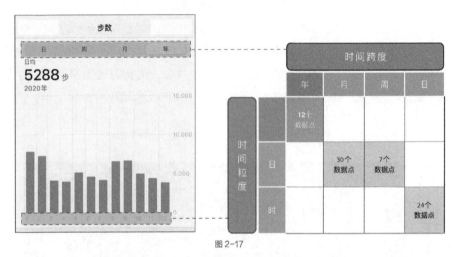

图 2-17

　　在如上跨度与粒度的组合中，数据点的数量从 7 到 30 不等。从数据分析的角度来看，这既遵守了时间数据的周期性，又符合用户分析时间数据的习惯。从数据可视化的角度来看，数据点的数量在柱形图所能承载的合理范围之内。一个合适的跨度与粒度的组合，可以让用户在获取足够多细节的同时，又不会感到信息量的过载。

2.4.3　把饼形图做对、做好

a. 饼形图的正确打开方式

　　饼形图通过把一个圆划分成不同比例的切片，来展示每个类别在总体中的百分比，以及不同类别间的差异。饼形图是一种被广泛使用的图表，能够绘制饼形图也就成为职场人士必备的技能，甚至有的岗位描述会调侃道"不只会做饼形图"。但要把饼形图做对，需要先做到以下几点：像时钟一样，第一类别从"12点"的位置开始，然后顺时针、按数值大小依次显示其他类别，最后合并长尾的剩余类别。此外，从实用性和流行度来讲，尽量避免使用三维效果（图2-18）。

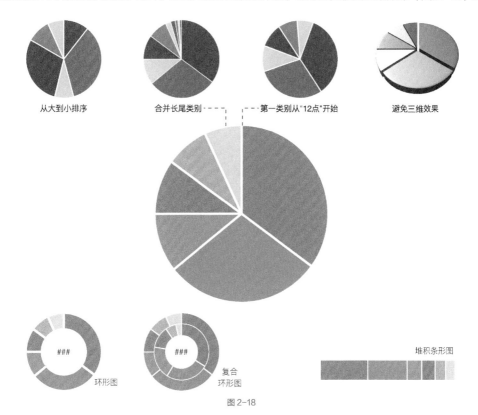

图2-18

　　饼形图的缺点在于空间利用率低，只能展示一个指标。但如果将其变成环形图，便可以在中心的空白位置展示一个数值，例如总体的指标值。如果需要展示两组指标，那么可以采用复合环形图：通过内环与外环分段的对比，可以比较同一类别在不同指标中的占比。此外，堆积条形图也是一种很好的替代：它不但空间利用率更高，而且在向人们展示不同的类别时，"长度"相比"角度"，可以让人们做出更精确的判断。

b. 不一样的"饼形图"

　　其实，饼形图也可以在兼顾美观的同时，传达丰富的信息，图2-19所示的复合半饼形图就是很好的例子。这个例子通过半圆的直径来表示客房入住率，而不是用常规饼形图中的切片的角度。而且这张图可以表示4个指标。以客房的入住率为例，上、下半圆的直径分别代表了豪华间和标准间的入住率，而虚线所代表的是市场平均客房入住率。在熟悉了这种表达方式后，我们可以进一步发挥图表空间利用率高的优势，展示出竞争对手的业务情况。

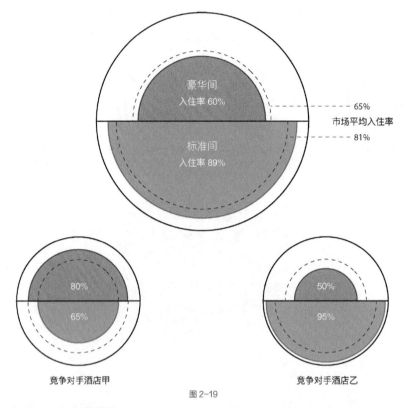

图 2-19

上下半圆的形态也体现了酒店的定位和业务侧重点。如果将酒店甲作为竞争对手，则需要侧重于高端顾客的营销，提升酒店的品牌形象；而如果将酒店乙作为竞争对手，则需要侧重于普通顾客的营销，控制好成本以提供更具价格优势的产品。综上所述，这组复合半饼形图中蕴藏着 3 组对比：酒店内不同客房房型之间的对比、与竞争对手的对比，以及与市场行情的对比。

第 3 章

图解产品与服务

3.1　产品与服务的定位

3.1.1　产品的取舍之道

a. 三原色模型

在定位产品时，我们常常面临不同维度上的权衡与取舍，对产品经理来说，这是对其行业经验和产品知识的考验。根据马丁（Martin）提出的三原色模型，产品经理需要对用户体验、技术和商业 3 个领域都有所涉猎，从而在定位产品的功能、性能和性价比时更加游刃有余。总之，像维恩图中三圆覆盖的区域一样，产品经理应该发挥好中间人的角色，为产品找到 3 个领域的平衡点（图 3-1）。

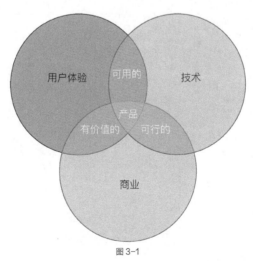

图 3-1

产品大师马蒂（Marty）在《启示录：打造用户喜爱的产品》一书中，将产品经理的工作描述为"去发现可用的、有价值的、可行的产品"，这恰恰与三原色模型相契合。用户体验和技术的结合代表了"可用性"，用户体验和商业的结合代表了"价值"，而技术和商业的结合则代表了"可行性"。于是，关于产品定位的很多决策都可以归纳为 3 个维度之间的博弈，而一款好的产品就是找到了 3 个维度上的平衡点。

b. 卡诺（Kano）模型

在分析用户需求时，我们常常需要结合用户对产品性能的满意度，Kano 模型就通过产品性能和满意度这两个维度归纳出 5 种用户需求。首先是正相关的期望型需求，我们可以通过提升产品性能和开发新功能来提高用户满意度，这也是与竞品比拼的重点。然后是最常见的基本型需求，也就是一个产品必备的基本功能，其存在只能降低不满意度，但若缺失则会导致用户极大的不满，它是一种默默无闻但不可或缺的存在（图 3-2）。

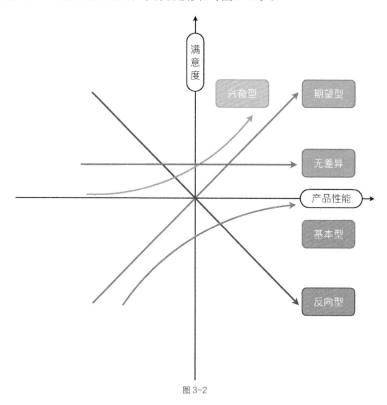

图 3-2

用户还有一种需求，即产品要给自己带来惊喜，也就是图 3-2 中的曲线所代表的兴奋型需求。最后是水平直线所代表的无差异需求和斜线所代表的负相关的反向型需求，这些都是要避免的。此外，如果再给这个定性分析模型加上一个时间维度，随着市场的发展和用户习惯的变迁，兴奋型需求会逐渐降为期望型，并进一步降为基本型。因此，我们需要不断更新迭代产品，以满足日渐增长的用户期望。

3.1.2　矩阵模型：与竞品的相对位置

产品的定位也可以参考竞品的位置，而矩阵模型可以在两个维度上呈现产品之间的差异。以咨询和研究机构 Gartner 提出的"分析与商业智能平台"魔力象限为例，它从愿景的完整性和执行能力两个维度出发，将市场上的分析与商业智能平台厂商划分为 4 个象限：领先者、挑战者、远见者和利基者。比如，常见的商业智能工具 PowerBI（来自 Microsoft）和 Tableau 都属于成熟的、富有影响力的领先者（图 3-3 ）。

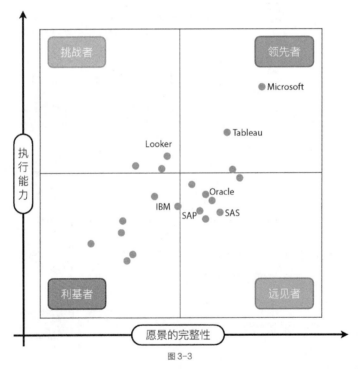

图 3-3

而 Looker 之类的挑战者，如果在市场前瞻性方面做出努力，则有望跻身领先者的行列。远见者如果能提高用户执行能力、适当降低产品使用难度的话，也能成为领先者的一员。总之，该模型不但呈现了产品的定位，也为产品的发展方向提供了参考。此外，市场研究机构 Nucleus Research 的价值矩阵也针对不同领域的科技产品，从产品功能性和产品易用性两个维度，呈现了产品的相对位置。

3.2 产品与服务的设计

3.2.1 双钻模型：设计的发散与集中

双钻模型是由英国设计协会（British Design Council）提出，并经过设计师丹（Dan）改进的一种结构化的设计方法。它通过把设计的流程逐层分解、逐步推进，实现从"未知"到"已知"，从"可能是"到"应该是"的过程。双钻模型首先将设计的过程划分为两个阶段：做正确的设计和把设计做正确（图3-4）。由此可见，定义问题、思考设计、找准设计方向的第一阶段，与动手设计、针对正确问题找出解决方案的第二阶段同样重要。

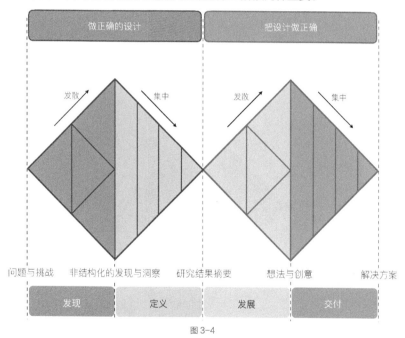

图3-4

模型通过发散、集中、再发散、再集中，把设计过程分解为4个阶段，于是构成了两颗钻石的形状。首先，通过发散式剖析问题与研究数据，把问题与挑战转变为非结构化的发现与洞察。然后，通过聚焦并定义问题，得到了研究结果摘要。随后，再经过发散式构想与评估，构思出很多想法与创意，即潜在的解决方案。最后，经过开发与测试的迭代，从而交付可行的最终解决方案。

在产品设计领域，不缺乏善于归纳总结的人才，他们会对模型进行再创作。于是，由双钻模型衍生出了很多相关的模型。图3-5所示的三钻模型，增加了产品原型阶段的比重。在概念验证阶段，我们通过最小化可行产品（Minimum Viable Product，MVP）测试产品是否能满足用户需求，并根据测试结果进一步做出决策。在模型的每颗钻石内也存在迭代的过程，只有达到本阶段的标准时，才能进入下一阶段。

此外，还有一种更简洁、更敏捷的单钻模型，该模型由 3 个三角形组成。其中，发现阶段和构思阶段是同时进行的：前者是分析问题，包括调研用户与市场、收集需求；后者是构思解决方案，包括分析功能与流程、探索商业模式。随后两者收敛于一点，就是项目各方达成共识的产品原型，同时确定了设计方向。最后是最重要的交付阶段，其大三角形也体现了这一阶段在项目周期和项目难度上的权重。

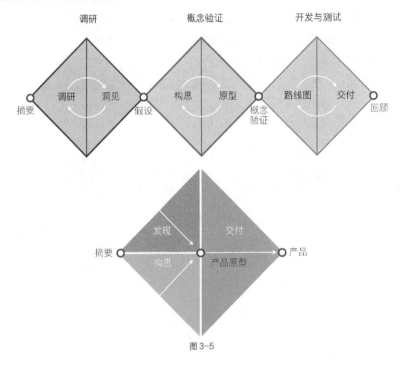

图 3-5

3.2.2　用户的学习过程

产品或服务的设计需要考虑用户的学习过程，需要针对不同学习阶段的特点，尽量降低用户的使用门槛。如图 3-6 中的学习曲线所示，以达克效应（Dunning-Kruger Effect）为例，在智慧程度和自信程度这两个维度上，学习曲线展现了智慧与经验的积累对人们的自信心产生的影响：起初人们有着"无知者无畏"的优越感，而在真正进入学习阶段后会经历信心的滑坡，然后是绝望之后的艰难起步，并逐渐重塑信心，最后会拥有脚踏实地的从容与自信。

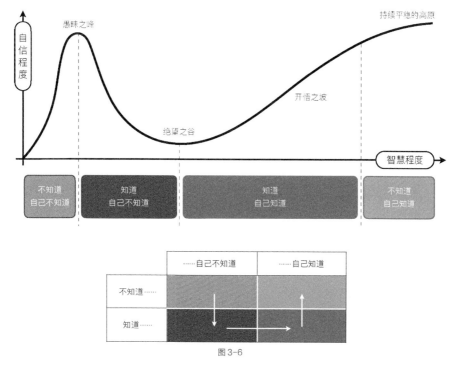

图 3-6

　　其实, 认知的 4 个阶段也展现了与之类似的学习过程: 从"不知道自己不知道"的盲目自信, 到"不知道自己知道"的虚怀若谷。如果把这 4 个阶段套用到矩阵模型中, 则是一种更加结构化的展现形式。在矩阵的 4 个象限中, 学习过程呈现出一种 U 形的发展趋势。在设计产品或服务时, 我们要针对不同的阶段采取相应的策略: 或鼓励用户以帮助其渡过信心低谷, 或向用户提出挑战以使其达成新的技能点。总之, 需要让用户的学习过程变得平缓、有序。

　　延续学习曲线的思路, 认知的 4 个阶段还可以用认知金字塔模型来表达 (图 3-7a)。从金字塔底层代表的无知开始, 人们通过不断地学习、尝试、练习, 努力地攀爬, 逐渐掌握了某项技能, 并达到了通过"正确的直觉"进行决策的境界。其实, 用户学习并使用产品的过程, 就像在攀爬金字塔, 重要的是习惯的养成和攀爬过程中的坚持。

　　鉴于概念模型是可以相互转换的, 因此金字塔模型可以变成一个阶梯模型 (图 3-7b)。阶梯保留了金字塔模型的层层递进形式, 因为每一步都是在前一步的基础上实现的。同时, 阶梯模型还蕴含着两个方向上的改变: 向前代表着量变, 意味着无数次的练习, 体现了时间的积累; 而向上代表着质变, 伴随着新技能的获取, 体现了能力的提升。其实, 产品或服务的设计就像是在设计阶梯, 需要让用户在平稳的过程中学习, 做到低负担、有成长。

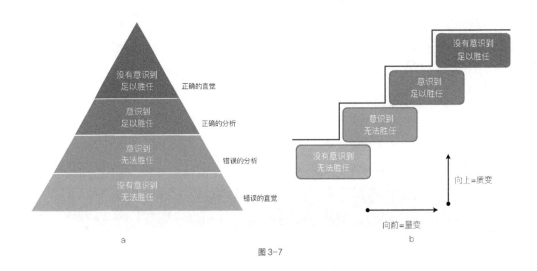

图 3-7

3.2.3　同理心地图：真正以用户为中心

为了完善用户体验，设计出以用户为中心的产品或服务，同理心地图（Empathy Mapping）被研制出来。这是一款值得推荐的画布工具。本着以用户为中心的原则，第一步是在画面中央绘制一个用户的侧面头像。然后，根据身体和五官的位置标记出相关象限：耳朵代表着所闻、身体代表着所做、嘴巴代表着所说、眼睛代表着所见、脑袋代表着所想与所感。随后，我们可以把用户调研阶段发现的各种需求归纳到相应的象限中，进而开始产品需求的梳理（图 3-8）。

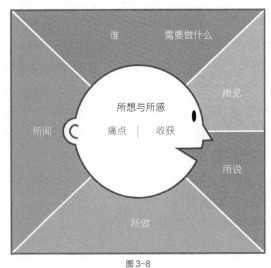

图 3-8

同时，同理心地图作为一款协作工具，还可以为头脑风暴提供框架，让小组讨论更加高效，从而使小组成员对需求的理解更加一致。使用该工具，我们可以站在用户的角度去思考问题，甚至可以发现用户自己都没有意识到的需求或问题。此外，同理心地图还体现了"一图胜千言"的原则：围绕用户头像的象限划分便于理解和记忆，借助象限对需求或问题的梳理也全面、清晰、富有条理。

一款好的产品或一项好的服务，可以让广泛的用户群体在不同的情景中都能得到好的体验。微软提出的包容性设计与同理心地图相契合，并延续了以感官定义维度的方式，分别从听觉、行动、说话和视觉4个方面去梳理用户需求（图3-9），并将障碍的持续时间维度进一步划分为永久障碍、暂时障碍和情景障碍。

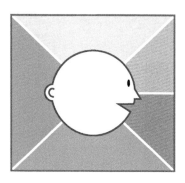

	听觉	行动	说话	视觉
永久障碍	失聪	独臂残疾	哑疾	盲人
暂时障碍	耳疾	手臂受伤	喉炎	眼疾
情景障碍	喧闹环境中	抱婴儿的人	重度口音	分心

图3-9

表格虽然形式简单，却通过两个维度构建出一个分析框架，帮助我们全面地梳理用户需求，从而避开思维定式，识别需求分析的盲区。比如，手臂受伤或喉炎之类的小伤痛，常常被忽略或被视为永久障碍去分析；而抱婴儿的人会遇到一定的情景障碍，则需要发散思维去寻找包容性的设计方案。有时针对类似的痛点，我们如果能举一反三，就可以用有限的解决方案去服务更广泛的群体。

3.3 数据产品与数据服务

3.3.1 从数据产品到数据服务

数据既可以作为一款工具或产品交付给用户；也可以作为服务，向用户提供更有价值的洞见。数据科学家贾斯汀（Justin）认为，在数据即产品（Data as a Product，DaaP）模型中，数据团队的工作就是给公司内部的同事提供数据，以辅助他们进行相关的决策。虽然该模型被广泛使用，但它存在着一些缺陷：项目的沟通效率较低，因而项目周期较长；数据流动是单向的，数据团队参与度低；业务团队对数据的解读成为数据实现其价值的瓶颈（图 3-10）。

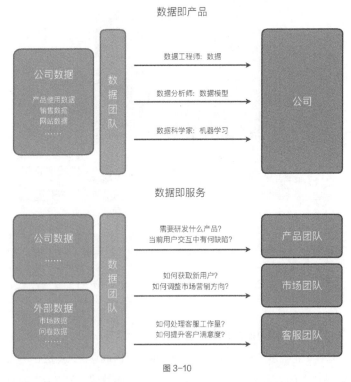

图 3-10

而在数据即服务（Data as a Service，DaaS）模型中，数据团队与业务团队是合作关系，双方共同利用数据去解决具体的业务问题。数据团队中的数据工程师、数据分析师和数据科学家在项目中有了更高的参与度，从而可以更好地发挥自身优势，最终为公司提供更有价值的洞见，而不再是冰冷的数据表。综上，从数据即产品到数据即服务，不仅是数据协作流程的优化，更体现了项目参与度的提升和数据意识的强化。

　　这里借助电视剧《黑镜》的剧情设计，进一步讲解数据即产品与数据即服务的异同。在虚构的社会环境中，人与人之间可以相互给出一星到五星的评价，而综合评分会影响一个人的社会和经济地位。作为星级评价体系的一部分，用户可以通过一些可视化工具去分析星级的得失，这就是数据即产品。比如网状图可以呈现社交圈中有影响力的好友，线形图可以在时间维度上呈现影响星级的关键好友（图3-11）。

数据即产品

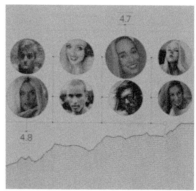

数据即服务

电视剧《黑镜》剧照

图3-11

　　即使已经有了易用的高度可视化分析工具，女主角还是离不开"星级优化咨询师"的帮助。咨询师会基于客户诉求，结合行业经验，发掘出数据中隐藏的信息，从而让数据的价值最大化，这就是数据即服务。而剧情的这一设定，似乎也暗示着即使科技水平再发达，人与人之间的交流也无法被科技所替代。综上，数据即产品提供了随时随地的自助体验，而数据即服务则提供了定制化的、懂人情的咨询。两种形式相互辅助，共同帮助用户改善生活。

3.3.2　数据分析的类型

　　数据分析是一个很广泛的领域，下面这组散点图呈现了从数据到分析，再到决策的过程（图 3-12）。首先，像图 3-12a 中杂乱无章的散点一样，我们收集到的原始数据常常是无序且混杂的。例如，一组日期数据"2021-01-02""01/03/2021""21-01-04"，分别使用了不同的日期格式。那么分析的第一步就是清洗与整理数据，让数据变得可用。数据清洗和数据预处理的环节通常比较烦琐，甚至会占据项目一多半的时间。

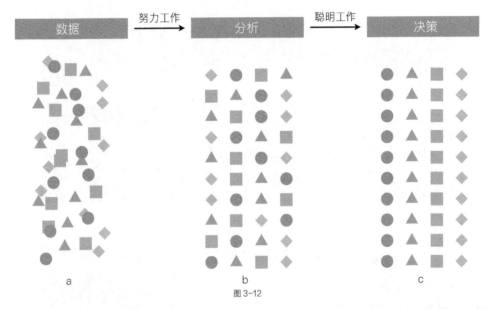

图 3-12

　　将经过清洗和预处理的数据，结合相应的用户需求和行业知识，按照一定的数据维度、粒度和跨度汇总后，就完成了数据的分析，我们能够从中发掘出数据的某些价值。基于分析的结果，结合分析师的经验，可以进一步归纳出有价值的信息，识别出隐藏在数据背后的一些规律，供决策者参考，从而让数据创造更大的价值。综上，从数据到分析，侧重于技能，需要努力地工作；而从分析到决策，则侧重于经验与思维，更需要聪明地工作。

　　如图 3-13 所示，在价值和复杂度这两个维度上，我们可将数据分析归纳为 4 种类型。作为最基础和最常见的类型，描述性数据分析经过对数据的处理与汇总，描述出正在发生的事情。如果进一步深入探索和分析数据，并诊断出事情发生的原因，就是诊断性数据分析，这也是一个从"知其然"到"知其所以然"的过程。如果站在时间的维度上；基于过去发生的事情和预测模型，对将来要发生的事情进行预判，就是预测性数据分析。作为以上分析类型的组合，指导性数据分析则通过整合对已发生事情的描述、对背后原因的诊断和对将来可能发生的预测，来帮助用户寻找最优的解决方案，并将洞见变成行动。

　　总体来说，随着横轴内容复杂度的增加，人们对数据分析师的技能与经验要求也不断提高，当然他们为公司、团队和用户创造的价值也在不断变大。其实，数据分析师是一个"力量越大，责任越大"的角色，并需要不断地成长。

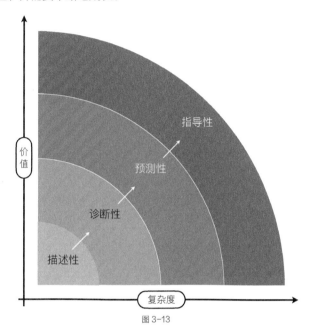

图 3-13

第 4 章

图解客户与市场

4.1 客户细分

4.1.1 根据客户属性细分

a. 人生三阶段

如图 4-1 所示，每个圆代表一种资源，分别是时间、精力和财富。两圆重叠的区域恰好与人生的 3 个阶段相契合：青少年不但时间充沛，而且精力旺盛，但手中的财富非常有限；中年人积累了一定的财富，而且精力尚存，但忙碌的常态让时间变得越发宝贵；老年人的闲暇时间变得充裕，财富也积累到了一定的水平，但精力变得非常有限，不得不服老。

如图 4-1 中心区域的空白所示，人生看似没有完美的阶段，但这其实指明了针对不同客户群体的潜在市场：青少年群体对价格更加敏感；中年群体更在意效率，愿意为时间买单；而老年群体则更需要在精力上得到补充与协助。如图 4-1 中的三角形所示，在这个模型中存在着三元悖论，即只能兼顾时间、精力和财富中的两项。此外，在时间维度上，模型中有一个隐藏的坐标轴，3 个阶段在顺时针地变换着。

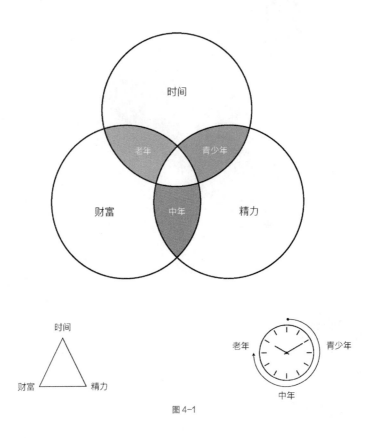

图 4-1

b. 人生阶段与经济水平矩阵模型

《哈佛商业周刊》提供了一种从用户属性出发的用户细分方法，该矩阵模型由人生阶段和经济水平两个维度构成（图 4-2）。值得一提的是，在人生阶段维度上的类别属于定类数据，类别间无顺序之分，所以坐标轴上没有箭头。此外，模型首先将整体划分为 25 个单元格，然后根据单元格的相关属性将其合并成 6 个类别。这体现了先分后合的分析思路，把原本复杂的问题分解成了多个类别去逐个分析和讨论。

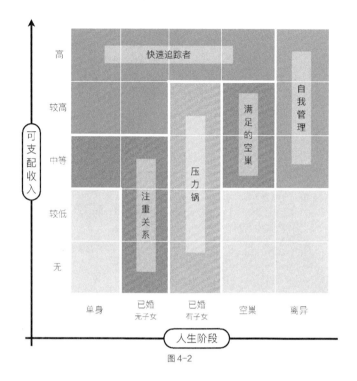

图 4-2

该模型还总结了各类别的特点：受过良好的教育并具有一定社会地位的"快速追踪者"，会更注重追求人生经历和学习；有一定的闲暇时间和可支配收入的"注重关系者"，比起产品本身，他们更注重体验；忙碌于生活琐碎的"压力锅"用户，常常感到被忽视；担心健康和衰老的"满足的空巢"用户，更关注旅行、运动和休闲，却常被市场忽略；回归独自一人的"自我管理"用户，更注重寻求与外界构建新的连接。

4.1.2 根据客户价值细分

a. 90-9-1 法则

作为一种针对互联网内容社区的理论，90-9-1 法则根据内容参与者的贡献程度，将他们划分为消费者、协作者和贡献者（图 4-3）。其中，90% 的参与者是内容的消费者，停留在只阅读内容、不参与互动的层面。其次，占比 9% 的协作者是轻度用户，其通过整理、评论、分享，产生了占比 10% 的内容。而作为深度用户的贡献者，虽然只占内容参与者的 1%，但其创作、发表的内容却构成了内容的 90%，因此该法则也被称为"1% 法则"。

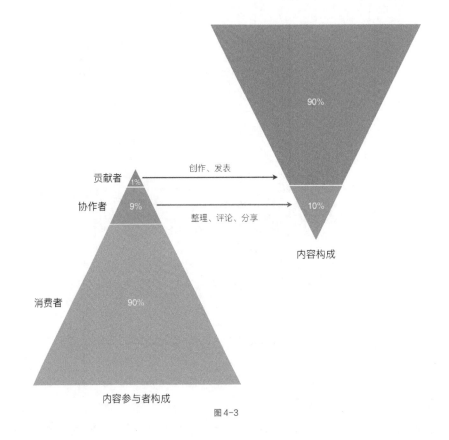

贡献者

协作者

创作、发表

整理、评论、分享

90%

10%

内容构成

消费者

90%

内容参与者构成

图 4-3

　　3 种类别的内容参与者，形成了从生产到传播再到消费的闭环，共同构成了内容生态。虽然随着互联网产品的变迁和用户习惯的改变，该法则中的比例已经发生了变化，但维持平台生态平衡的方向没有变，基于内容贡献度的细分方法也依然值得借鉴。另外，该法则与帕累托法则（80/20 法则）有着异曲同工之妙，即占少数的一个群体会对整体结果产生关键性的影响。总之，在做用户细分时，识别并照顾好"关键的少数"，可以起到事半功倍的效果。

b. 客户终身价值

　　客户终身价值（Customer Lifetime Value）是指客户在与企业保持关系的整个过程中为企业带来的收益总和，其中包括历史价值、当前价值和潜在价值。根据收益总和的多少，客户可以被分为 3 类：（让企业）不盈利的客户、盈利的客户和非常盈利的客户。这些客户的构成可以通过图 4-4 所示的不等宽柱形图去展示：每个柱子的宽度代表了该类别客户终身价值的平均值，柱子高度代表了该类别的客户量，而面积代表了这些客户对企业的贡献度。

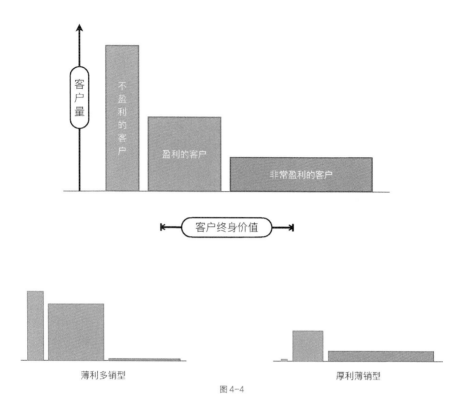

图 4-4

在时间维度上，客户终身价值不只关注客户当前和以往的价值，还预测出了其未来的价值。企业需要结合当前及未来利润高低、投入成本等因素，锁定主要的获客客户群体，甚至放弃某些不能带来盈利的客户。同时，企业要根据不同的客户构成实施相应的营销策略：对于薄利多销型产品，企业在控制成本的同时，要努力将不盈利的客户转化为盈利的客户；对于厚利薄销型产品，企业要维护好品牌的形象和定位，维持好高端客户的忠诚度。

4.1.3 根据技术采用生命周期细分

如图 4-5 所示，在技术采用生命周期的维度上，根据客户采用新技术的阶段，可以将客户细分为 5 个类别。在早期市场，创新者乐于接受新鲜事物，热衷于追随新技术；早期使用者欣赏并开始使用新技术。在主流市场，早期大众在等待和观察新技术的评价后才会去尝试，后期大众，则在等待新技术非常成熟后才会使用。而落后者通常是抵触新鲜事物的人，只有在不得已的情况下才选择新技术。

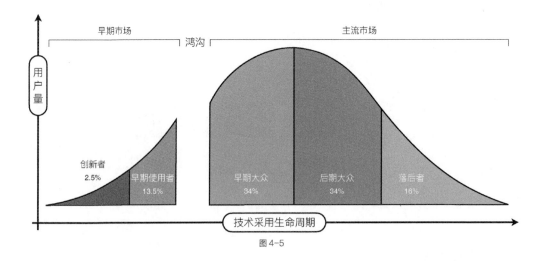

图 4-5

在上述模型的基础上，杰弗里·摩尔（Geoffrey Moore，又译为杰弗里·穆尔）提出了鸿沟理论（Crossing the Chasm），他认为高科技产品在经历了早期市场的推广后会遇到鸿沟，它会阻碍产品向主流市场拓展。因此，对于不同类别用户的特点，市场营销人员的关注点也应有所不同：对于早期市场，需要以技术为导向去推广，并借助反馈进行早期产品的迭代；对于主流市场，需要与用户的实际生活需求相结合，并注意口碑的维护。

4.2　客户满意度与忠诚度

4.2.1　NPS 净推荐值：量化满意度

净推荐值（Net Promoter Score，NPS）是一种常用于衡量客户满意度的指标。在售后的问卷中，客户常会被问道："您愿意给朋友推荐这款产品／服务吗？"这时，客户需要从代表"非常愿意"的 10 分和代表"一点也不愿意"的 0 分之间选出相应的分数，这样我们就完成了量化满意度的第一步——数据的采集。然后，我们根据客户所选的分数，将其划分为 3 种类别，分别是推荐者、被动者和贬低者。

如图 4-6 所示，满意度类别的划分是较为严苛的，只有给出 9 分和 10 分的客户才会被标记为推荐者，而给出 6 分或更低分数的客户都会被视为贬低者。与常见的平均值汇总不同，净推荐值采用了推荐者所占百分比减去贬低者占比的方法。所以，净推荐值的数值区间是 −100% 到 +100%。另外，对该指标的解读也需要结合具体的类别构成。如图 4-6a 和图 4-6b 所示，两个例子虽然有着相等的净推荐值，但对于图 4-6a，我们需要从被动者中寻找改进的空间，而对于图 4-6b，则需要把重点放在贬低者上。

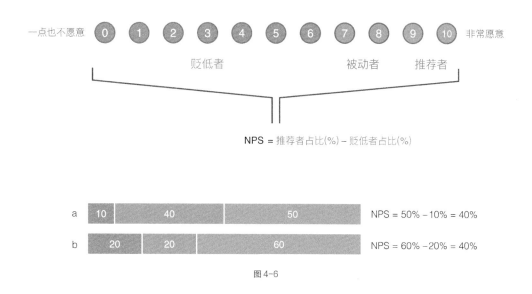

图 4-6

基于满意度的 3 种类别，图 4-7 为净推荐值提供了一种新颖的表达方式。三角形的每条边的高线都代表着一个坐标轴，越接近顶点其数值越大。例如，右下角的顶点代表了最为理想的状态：所有客户都是非常满意的推荐者，其对应的净推荐值也高达 100%。同理，左下角的顶点则代表了另一个极端。此外，三角形中任意一点的 3 个坐标值之和都是 100%，这与 3 种类别"三分天下"的特性相匹配。

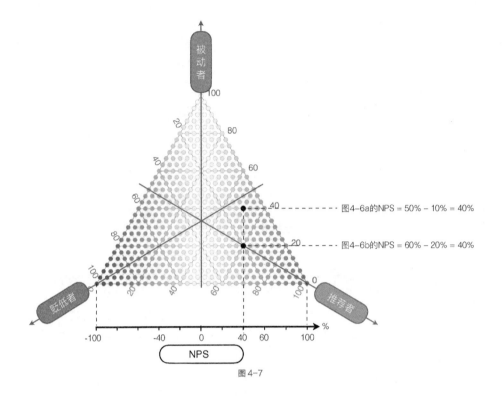

图 4-7

如图 4-7 底部的坐标轴所示，图中的点从左到右，净推荐值逐渐变大。借助三元图，再来探讨一下对于该指标的解读：如图 4-7 垂直的参考线所示，图 4-6a 和图 4-6b 的净推荐值都是 40%，但图 4-6a 中的被动者占比是图 4-6b 的两倍（40% 与 20%），所以存在图 4-6a 的这种情况的企业更需要重视被动者这一类别。从数据可视化的角度来讲，三元图属于较为高级的图表，存在着一定的使用门槛。但在熟悉并掌握该模型后，我们可以一目了然地看清数据的"模样"，从而做出合理的决策。

4.2.2 客户忠诚度

a. 品牌金字塔

为了衡量客户的忠诚度，Millward Brown 咨询公司提出了品牌金字塔模型，并总结了构建客户忠诚度的 5 个阶段：存在、相关、表现、优势和绑定。在这个倒置的金字塔模型中，存在着两个维度：纵向维度代表了忠诚度的提升，横向维度代表了该阶段客户的收益贡献潜力。不难理解的是，客户越忠诚，就越愿意在该品牌上花更多的钱。此外，作为一个定性分析模型，它在每个阶段还用一句客户心声概括出客户与品牌的关系（图4-8）。

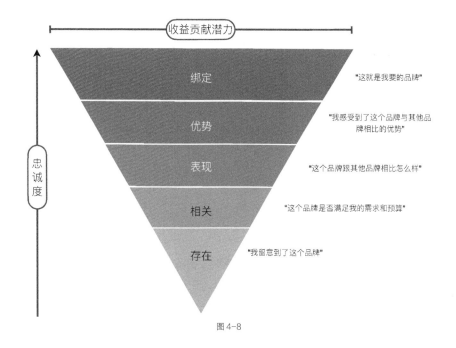

图 4-8

首先，客户留意到品牌的存在；然后，客户会结合自身需求和预算对品牌进行评估。在与其他品牌进行对比后，该品牌有可能入围客户的待选名单。在使用产品后，客户明确感受到了该品牌的优势，并逐渐建立起与该品牌的情感连接。最终，客户完全接受了该品牌的优势与价格，形成了与品牌的绑定，甚至会在自己的圈子中传播品牌。进一步讲，我们所用的品牌也在某种程度上定义了我们是谁。

b. 客户留存矩阵

客户留存矩阵（Retention Matrix）可以展示出企业在获取客户后的一段时间内，有多少客户依然活跃、留存了下来并持续为企业带来收益。矩阵由两个时间维度构成：客户获取周，按获取时间将客户进行归类；获取后周数，将客户在不同时间段内的业务指标进行归类。在矩阵中，行与行之间的对比，可以分析不同时期的营销效果和获取客户的质量；列与列之间的对比，可以分析服务或产品周期中存在的不足，进而优化流程、改善体验（图4-9）。

客户获取周		新增客户数	获取后周数					
			本周	第1周	第2周	第3周	第4周	第5周
			客户留存率					
	2021-01-04	2717	90%	72%	36%	25%	10%	4%
	2021-01-11	3461	81%	49%	29%	12%	7%	
	2021-01-18	4438	77%	62%	49%	20%		
	2021-01-25	2995	98%	59%	41%			
	2021-02-01	4088	86%	52%				
	2021-02-08	4464	89%					
	平均值	3694	87%	59%	39%	19%	9%	4%

图 4-9

客户留存矩阵中采用的时间粒度，是由消费类型决定的：高频消费可以精准到天，而频率稍低的消费则以月为单位进行汇总。但该模型只适用于高频率的消费类型，至于汽车、房地产等行业则不适用。如图 4-9 右下部分的空白所示，客户留存矩阵需要经过一定时间的积累才能产生价值。由于数据结构的限制，一些指标的计算难以回溯。所以，营销活动的数据采集和分析工作，需要在策划阶段就开始准备。

c. 态度忠诚与行为忠诚

客户忠诚度可以进一步分为态度忠诚和行为忠诚：态度忠诚体现了客户内心的真实感受，行为忠诚则体现了客户的实际行动。基于这两个维度，忠诚度矩阵将客户归纳为 4 个类别（图 4-10）。态度和行为都忠诚的客户属于现实忠诚，能为企业带来更多利润，还会将企业的产品或服务推荐给更多人。态度忠诚但行为不忠诚的客户属于潜在忠诚，往往会因自身需求的变化终止与企业的连接，但这也意味着企业可以通过一些调整去挽留客户。

行为忠诚但态度不忠诚的客户属于表象忠诚，虽然他们对现状并不满意，却因为使用惯性或找不到合适的替代品，才勉强维系着与企业的连接；如果企业不及时发现并解决问题，这些暂时被困住的客户最终会流失。态度和行为都不忠诚的客户，不但不会与企业产生连接，甚至会在市场上传播负面消息。综上所述，忠诚度矩阵提供了一个忠诚度的分析框架，为企业进一步决策提供了参考，特别是针对"知行不一"的客户群体。

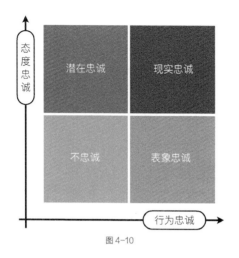

图 4-10

4.2.3 满意度与忠诚度曲线

客户的满意度与忠诚度是正相关的，但受供需关系、市场环境等因素影响，两者并不是线性关系。根据《哈佛商业周刊》1995 年的一项研究，不同行业因竞争程度不同，其客户满意度与忠诚度曲线的形态也存在差异（图 4-11）。对角线之上的区域代表着竞争不激烈或者没有竞争的行业 / 市场，如电信服务、航空公司、医院等。这些行业 / 市场由于替代品有限、迁移成本高、行业监管、会员计划等原因，客户满意度对忠诚度的影响不够灵敏，甚至有些迟钝。

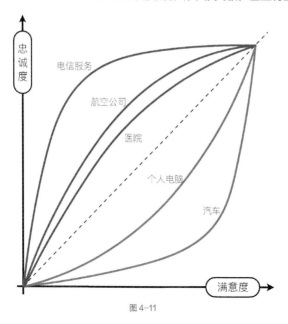

图 4-11

对角线之下的区域，代表着竞争激烈的行业／市场，如个人电脑、汽车等。这些行业／市场由于产品差异化较低、替代品较多、迁移成本低等原因，客户满意度变得至关重要；一点点的满意度滑落，都可能导致忠诚度的急速下滑。因此，在 5 个等级的满意度问卷中，应该重视 5 颗星与 4 颗星之间的差距，甚至只把 5 颗星视为满意。研究还认为，客户的高度满意可以确保客户的忠诚度，进而促成企业优异的长期财务表现。

4.3　市场与行业分析

4.3.1　矩阵模型

a. BCG 矩阵与 GE 矩阵

作为矩阵模型的代表，BCG 矩阵从市场增长率和企业的相对市场份额这两个维度分析产品和业务，从而得到 4 个象限（图 4-12a）。对于高增长率、高市场占有率的"明星"产品，需要加大投资以稳固市场份额；对于低增长率、成熟期的"奶牛"产品，需要维持现有的增长率；对于高增长率、低市场占有率的"问题"产品，需要找出并解决市场营销上的问题；而对于衰退期的"瘦狗"产品，需要考虑削减或放弃。

在战略规划过程中，GE 矩阵可以为企业的业务选择和定位提供参考（图 4-12b）。该矩阵模型也是从两个维度展开：代表外部因素的行业吸引力维度分为高级、中级和低级，代表内

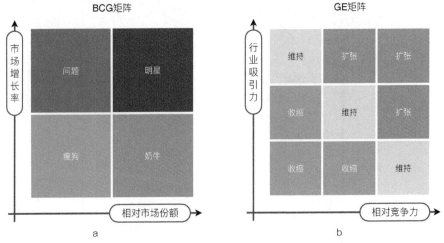

图 4-12

部因素的企业相对竞争力维度分为强、中、弱 3 个等级。于是矩阵被划分为 9 个单元格，并对应着不同的战略方向：右上角表示需要采取扩张策略，优先分配资源；中间区域表示需要维持当前现状；而左下角则表示需要采取收缩策略，减少投资甚至退出。

b. 安索夫矩阵

安索夫矩阵又被称为产品市场矩阵，是一种被广泛使用的营销分析工具（图 4-13）。该矩阵模型由市场和产品两个维度划分出 4 个象限，并为每种组合提出了相应的营销策略：以现有产品面向现有市场，需要采取市场渗透策略，增加产品的市场占有率；以现有产品开拓新市场，需要采取市场开发策略，并适当地调整产品定位；以新产品面向现有市场，需要采取产品开发策略，借助现有客户群推广新产品；以新产品开拓新市场，则是多元化策略，需要做好风险把控。

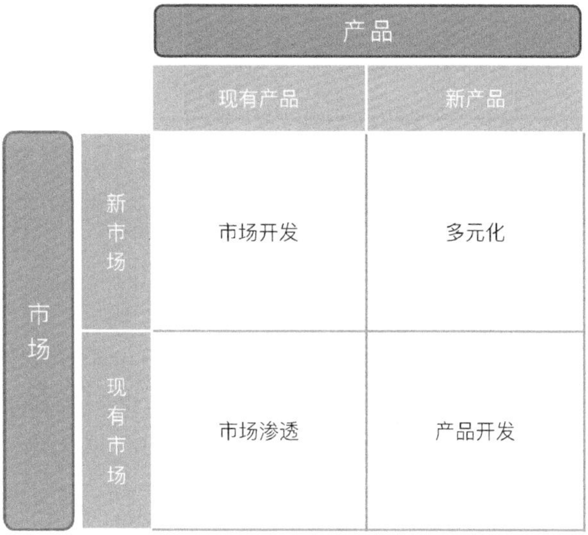

图 4-13

作为安索夫矩阵的改进版，九格模型在市场维度上引入了"扩展市场"这一中间类别，在产品维度上引入了"改良产品"这一中间类别，从而提供了更精细的划分。此外，安索夫矩阵也可以用在个人职业发展规划中，详见第 6 章。综上所述，矩阵模型在分析问题时，既体现了化整为零、逐个击破的思想，又体现了 MECE 原则，做到了分解与梳理问题时的无重复、无遗漏。

4.3.2 技术成熟度

a. 技术成熟度曲线

对新兴技术进行市场分析时，可以参考 Gartner 技术成熟度曲线（图 4-14）。每年

Gartner 会汇总相关从业者的意见，对上千种新兴技术进行评定，并结合行业期望和发展，确定该技术在曲线中的位置。该曲线模型将一项技术的生命周期划分为 5 个阶段：开始得到行业和媒体关注的"技术萌芽期"，引起参与者追随并让大众产生一些期望的"期望膨胀期"，技术创造者被抛弃的"泡沫破裂谷底期"，行业不断探索与实践的"稳步爬升复苏期"，以及该技术被广泛接受的"生产成熟期"。

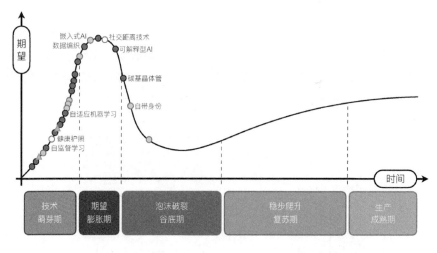

图 4-14

模型由两个维度构成，纵轴代表了市场对该技术的期望值，横轴代表了时间。曲线上的每个点还通过颜色和形状表达了其达到生产成熟期所需的时间。由于技术的迅猛发展，该曲线模型的时效性很强，如大数据、云计算等曾经的"新兴"技术早已从模型中"毕业"。技术成熟度曲线源自经验丰富的 IT 分析师的客观评价。借助此模型，人们可以合理地评价新兴技术的商业前景，有效地识别过度宣传与炒作，进而降低技术投资的风险。

b. 创新者的窘境

图 4-15 所示的线形图由两个维度构成：时间轴代表了技术的发展与进步，产品性能轴则在一定程度上决定了利润的高低。该线形图描述了两种创新方式：可持续创新是利用现有技术，基于用户的反馈，不断改善产品性能，减少产品缺陷，从而维持市场地位；而破坏性创新是探索新兴技术，针对细分市场中未被满足的需求去研发新产品，从而赢得一些小市场，并进一步把市场做大。总体来说，前者满足了用户当前的需求，而后者将满足用户未来的需求。

如 S 形曲线所示，技术在经过了一定时间的发展之后，产品性能提升的边际效应会出现递减，用户变得更看尚未被满足的其他需求。这时，新兴技术逐渐兴起，并在行业中得到应用，但是其产品性能与成熟的现有技术相比还有一些差距。如两条曲线间的缺口所示，这种性能上的差距造成了创新者的窘境。面对这种窘境，企业一方面要维护好当前的用户，另一方面还要通过内部创业、投资、并购等方式展开新兴技术的布局。

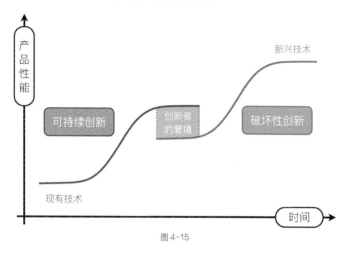

图 4-15

4.4　市场营销

4.4.1　营销阶段分析

a. AIDA 模型

AIDA 模型用于描述消费者在购买商品前可能经历的 4 个营销阶段：注意（Attention）、兴趣（Interest）、欲望（Desire）和行动（Action）。该模型通过漏斗的形态表达出企业营销过程的层层递进：引起消费者的注意、激发其兴趣、刺激其购买欲望、最终的购买行动。如果在每个阶段用面积或宽度去表达业务指标，它就成为一个营销阶段分析的可视化模型（图 4-16a）。

在该模型的基础上产生了一些衍生模型：AIDCAS 模型在行动阶段的前后增加了深信（Conviction）阶段和满意（Satisfaction）阶段，AIDMA 模型在欲望阶段之后增加了记忆（Memory）阶段。此外，AIDA 模型还与效果层次模型（CAB 模型）相契合，后者具体包括：基于信息与知识的认知（Cognitive）阶段、基于感觉的情感（Affective）阶段和采取行动的行为（Behavior）阶段（图 4-16b）。

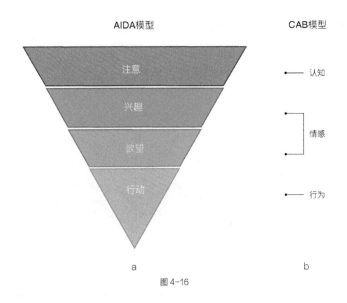

图 4-16

b. AARRR 模型

　　AARRR 模型同样以漏斗的形态描述了在理想状态下一个潜在用户所经历的不同阶段：获取、激活产品或服务、留存、创造收益以及推荐给更多用户，如图 4-17a 所示。通过漏斗的宽度所代表的百分比，该模型让决策过程通过数据来驱动。作为衍生模型，在获取阶段之前，我们还可以添加一个意识（Awareness）阶段，从而让营销阶段更加完整。

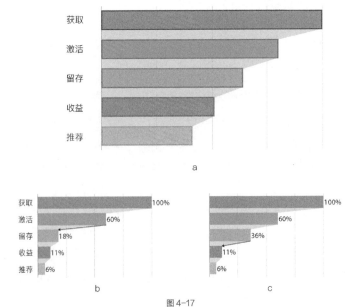

图 4-17

在模型的各个阶段，都有需要重点关注的指标和渠道。如图 4-17b 所示，相比图 4-17a，用户数量在留存阶段出现了明显的下降，为此我们需要结合前期的数据埋点，找出并改进导致用户流失的环节。另外，对新老用户留存率的对比分析也有一定的价值。如图 4-17c 所示，收益阶段的指标表现不佳，为此我们需要对付费环节、付费周期等进行深入的分析。

c. 双环模型

双环模型通过两个相连的环，将用户的生命周期划分为购买和使用两个阶段（图 4-18）。在购买阶段：用户先会留意产品，然后考虑产品与自身需求的匹配度，再决定购买产品，并完成购买行为。此时，用户的身份也从潜在顾客变成了现实顾客。在使用阶段，用户加深了对产品的认识，逐渐变成了忠实用户，有时会进一步把产品推荐给更多的用户。

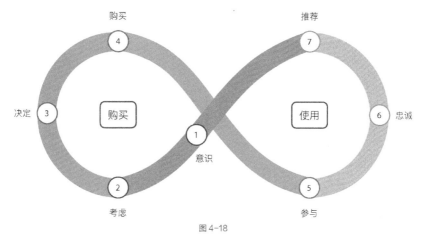

图 4-18

从企业的角度来看，购买阶段对应着市场与销售，使用阶段对应着服务与支持。从用户增长的角度来看，两个环分别代表了用户获取和用户拓展。在另一个版本的双环模型中，第二个环被解读为产品的使用周期：用户在使用产品并获得价值之后，会面临着购买新款或者离开的选择。此外，双环的形态不但吸引眼球，而且与代表"无穷大"的 ∞ 符号相似，这便赋予了该模型一种寓意：通过营销和售后的不断优化，为企业带来无穷的价值。

4.4.2 广告创意中的数据表达方法

a. 幻灯片景观

为了吸引商业人士的眼球，瑞士 Hof de Planis 商务酒店推出了名为"幻灯片景观"（The PowerPoint Landscape）的系列广告。这些广告用经典的幻灯片素材绘制出了酒店周围的田园与山川，将平淡无奇的图表变成了大自然中充满活力的元素：饼形图变成了太阳与湖泊，箭头变成了飞鸟和草丛，条形图变成了云朵和路标，柱状图变成了围栏和冰柱，面积图变成了连绵的山脉（图 4-19）。

春/夏

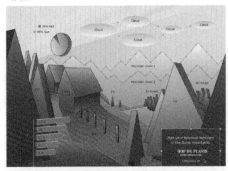

秋

冬

图 4-19

　　"幻灯片景观"系列广告通过对幻灯片元素的再创作，营造出人与大自然亲密接触的氛围，又不缺乏商务会议所需要的效率与创意，也让商业人士从繁杂的日常工作中走出来，通过商务会议和研讨会等形式为自己"充电"。毫无疑问，该系列广告获得了很好的市场反馈。与前一年同期相比，酒店的网站访问量增加了 97%，而商务会议的预订量也增长了 32%。这既体现了创意的价值，也彰显了图表的魅力。

b. 图片中的图表

　　和图表一样，图片也是通过视觉化的表达方式讲故事。其实，图片中常常隐藏着一些图表的元素，如果我们能巧妙地利用这种融合，将为广告创意增姿添彩。图 4-20a 所示是一家咨询公司的平面广告，其在看似平淡的照片中勾画出了一张维恩图：钟表代表着有限的时间，人力车代表着有限的资源，而车上乘客间的交谈代表着与客户之间的沟通。最后，在 3 个圆重叠的地方，就是广告所宣传的咨询服务。

再如，汇丰的几款广告也巧妙地利用了图片与图表的融合，其通过添加坐标轴，把原本隐藏的图表元素呈现出来。在图 4-20b 中，家的氛围感透过照片扑面而来，而坐标轴的引入传达了汇丰服务的专业度，隐形的柱形图代表了汇丰应对不同需求的解决方案。在图 4-20c 中，线形图被叠加在了一张机场照片上，广告用飞机爬升的轨迹去表达个人财务的腾飞。总之，图片可以营造氛围，建立与观看者的感性连接，而图表可以精准表达和传递理性的信息。

"有限的资源不应该限制您的客户关系"

a

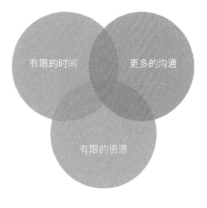

b

c

图 4-20

c. 数据可"食"化

用食物去讲述一个数据故事，也是一种值得推广的数据表达方法。这种呈现方式富有创意，可以从常见而平淡的图表中脱颖而出。设计师 Ryan 发起了一个名为"design x food"的信息图表项目，对自己的饮食习惯进行数据的收集与整理并制作成海报：在用麦片制作的饼形图中，3 种麦片代表了不同的营养成分——脂肪、蛋白质和碳水化合物；在用饼干制作的柱状图中，饼干的高度代表了每天摄入的热量（图 4-21a）。

　　Romantics 蔬菜汁的一系列产品广告，也实现了数据可"食"化。蔬菜汁中原材料的构成，可以通过饼形图中的切块柱形图中的高度和圆的直径去表达。简洁、清新的图表效果，很好地诠释了品牌自然、无添加的卖点。用食物去讲数据故事，原材料便于获取，且灵活度较高，想要呈现的效果易于实现。不仅如此，这样做还可以摆脱科技的束缚，不再受数据结构、工具设置等的限制，让创作的过程更加得心应手（图 4-21b）。

饼形图 柱形图

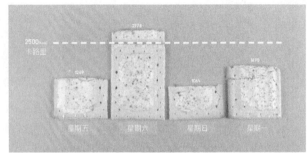

a

饼形图

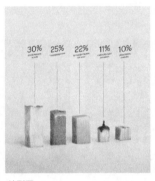
柱形图

b

图 4-21

第 5 章

图解利润与商业模式

5.1　价格管理

5.1.1　价格与价值

厘清价格与价值的关系，有助于我们进行价格管理和利润分析。从客户的角度来看，价格是需要付出的，是价值的外在表现，反映了价值。而价值是价格的内在支撑，它决定了价格。在供求关系的影响下，价格会围绕着价值上下波动。图 5-1 表达了交易所创造的价值：从成本到价格代表着生产者剩余，即通过出售产品或服务获得的收益；从价格到价值代表着消费者剩余，即客户通过购买获得的收益。

横向来看，从成本到价格，再到客户感知价值，还代表了价格管理，即根据市场的供求关系、产品或服务的属性等因素确定最优价格的过程。其中包括基于成本定价、基于价值定价和基于竞争定价 3 种策略，存在着销售动机与购买动机之间的权衡。此外，价值部分也需要不断优化的价值管理：从产品实际价值到客户感知价值的缺口，代表着价值在传播过程中的损耗，也意味着产品的潜力。

a. 汉堡经济学

商品的价格是通过货币表现出来的，但反过来价格也可以用于对比不同货币的价值。汉堡经济学（Burgernomics）中的巨无霸指数（Big Mac Index）就是一个值得研究的货币指数。该指数以麦当劳的巨无霸汉堡作为参照物，并假设其在全球的售价一样，以此来对比各国货币。如图 5-2 所示，每个点代表一种货币：横轴以上的点代表相对于美元被高估的货币，例如，该指数认为加拿大元被高估了 8.5%；横轴以下的点则代表被低估的货币。

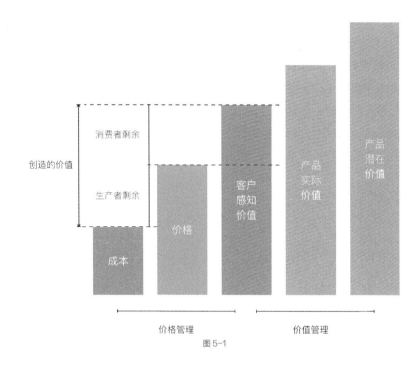

图 5-1

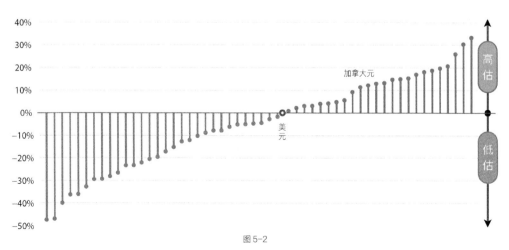

图 5-2

通过对不同地区巨无霸汉堡售价数据的收集、汇总和呈现，该指数为货币价值的对比提供了新颖的思路。但同时该指数也存在一定的局限性，如参照行业的代表性不足，参照产品也非常单一，各地的定价策略不同，等。此外，类似的指数还有星巴克的中杯拿铁指数（Tall Latte Index）、宜家的比利书架指数（Billy Bookcase Index），它们都基于购买力平价理论，并体现了用数据支持决策的思路。

b. 微笑曲线

针对产业链不同环节所创造的附加价值，宏碁创始人施振荣提出了"微笑曲线"模型。该模型的纵轴代表着附加价值，即利润空间的大小。模型的横轴代表产业链环节的上下游，可分为3个阶段：左段为专利与技术，利润空间大；中段为组装与制造，利润空间小；右段为品牌与服务，利润空间大。如微笑一样的曲线所示，如果企业想要增加产品或服务附加价值，需要走出曲线底部代表的低端环节，向曲线两端的高利润环节延伸（图 5-3）。

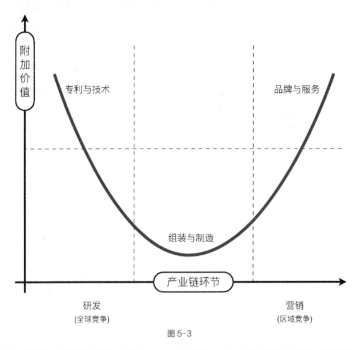

图 5-3

要想实现从低附加值到高附加值的转变，企业要么向上游延伸实现自主创新，要么向下游拓展打造自主品牌。从竞争环境来看，研发环节面临着全球竞争，企业要做到资源配置全球化；而营销环节则面临着区域竞争，企业要因地制宜，做好本地化工作。此外，与之相反的"武藏曲线"则认为规模化生产可以带来较高的附加值。总之，两种曲线都存在着一定的适用性和局限性，企业需要结合自身情况去调整经营策略。

5.1.2 价格心理学

a. 价签背后的技巧

消费者对价格的感知，也体现了信息的传递：通过视觉获取信息，然后对信息中的数据进行处理，最后做出购买决策。在这一过程中，价格心理学的应用无处不在，潜移默化地影响着消费者的购买行为。如图 5-4 所示，创作者平台 Gumroad 在采用了"0.99 策略"之后，购买转化率获得了明显的提升。对于这一最常见的价格心理学技巧，学者托马斯（Thomas）和莫维茨（Morwitz）的解释是：消费者对"1.99"这个数字的解读，从他们看到"1"的时候就已经开始了，因为"1"看上去要比"2"便宜很多。

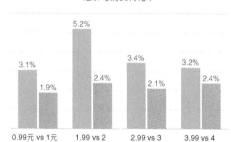

图 5-4

价签作为生活中最常见的一种数据图示，通过指标卡的形式传递着价格信息。营销心理学专家尼克（Nick）总结了近 50 种设计价签的技巧：比如，对按年收费的产品，可以按月或按天去折算价格，从而使人感觉更便宜；再如，对折扣的展示需要遵循"100 原则"，当价格低于 100 元时使用百分比，而当价格超过 100 元时使用实际金额，从而营造出更实惠的感觉。有时，让数据变得模糊甚至成为一种促进购买的手段。

b. 价格"诱饵"

行为经济学家丹（Dan）在《怪诞行为学》一书中介绍了一个经典案例。《经济学人》杂志有 3 种不同的订阅选项，其中电子版和纸质版套餐的价格与只订阅纸质版的价格一样。在 100 名商学院学生参与的实验中，84 人选择了套餐，16 人选择了电子版，而没有人选择单纯的纸质版。不过，在把"纸质版"这一看似无用的选项去掉后却发生了变化：选择套餐的人减少到了 32 人。由此可见，"纸质版"发挥着价格"诱饵"的作用，悄无声息地影响了消费者的决策（图 5-5a）。

为了诠释价格"诱饵"的作用原理，图 5-5b 分别从价格和价值两个维度展现了 3 个选项。消费者在套餐与电子版之间很难抉择，因为两个选项分别拥有最高的价值和最便宜的价格。但套餐的价格与纸质版一样时，它拥有了更高的价值，所以纸质版"诱饵"的加入增加了套餐的相对优势。消费者需要从生活中的一些不合理的选项中识别出价格"诱饵"，从而做出更加理智的决策。

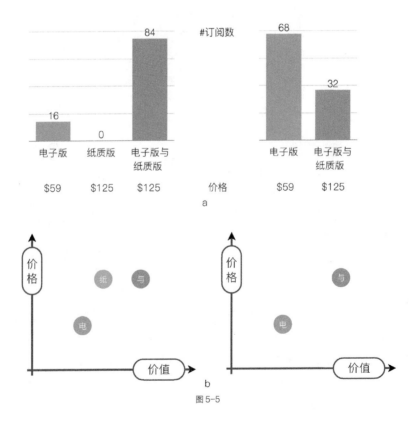

图 5-5

5.1.3 时间维度上的价格

a. 随时间变化的价格

为了更好地利用市场上的供需关系，更精确地瞄准目标客户群，企业可以随着时间动态地调整某种服务的价格。机票、酒店等行业，都会通过成熟的价格管理和利润管理体系，在不同时间向市场提供不同价格的服务。如图 5-6 所示，航班预订平台 CheapAir 根据上亿条价格检索信息，汇总出某国 2020 年境内航线的价格变化。其中纵轴代表平均机票价格，横轴代表距离出发前的天数。可以看到，旅客的最佳订票窗口期是出发前的 21 天至 95 天，也就是 3 周到 3 个月。

图 5-6 中的曲线整合了海量的航班信息，基于汇总后的数据，呈现出大致的价格变化趋势。而针对不同日期的不同航线，机票价格会表现为一条条形态各异的曲线，所对应的最佳订票窗口期也不同。此外，专注于机票价格预测的 Hopper 公司，也为旅客预订机票提供了一些参考信息：旅客在选定航班和日期后，不但可以看到当前的机票价格，还会得到一些建议。

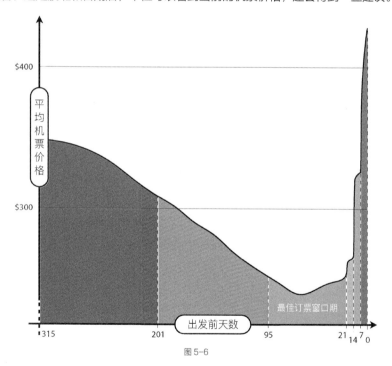

图 5-6

b. 时间矩阵

还是以订机票为例，旅客在订票时常常需要同时预订去程和返程机票，这便涉及两个时间维度。另外，从库存管理的角度来讲，航空公司也会通过价格机制去鼓励这种预订行为，以保证往返航班在客座率上的平衡。对此，时间矩阵可以有效地满足这一需求，如图 5-7 所示。其中横轴代表旅客的出发日期，纵轴代表返回日期，而每个单元格代表着相应组合的往返票价。旅客在选择了航班和往返日期后，除了能得到如中心单元格所示的机票价格，还可以看到其前后一周的机票价格。

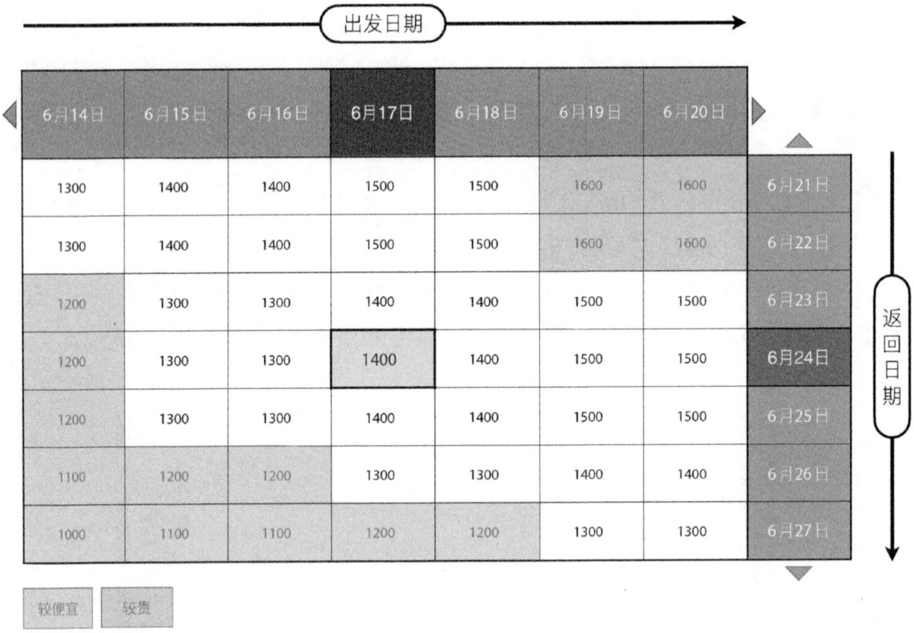

图 5-7

时间矩阵不但完成了数据的展示，还提供了一种基于矩阵的高效交互方式。对于行程安排上较灵活的旅客，可以通过调整行程获得相对便宜的机票：在矩阵的同一列中上下移动，代表着出发日期不变，选择不同的返回日期；在同一行中左右移动，代表着返回日期不变，选择不同的出发日期。此外，绿色背景的单元格代表较为便宜的组合，而红色背景则代表较贵的组合。

c. 更长远的时间轴

在更长远的时间轴上呈现出价格的变化，也是一个值得分享的数据故事。如图 5-8 所示，智库 AEI 汇总了部分产品和服务在 1997 年至 2017 年之间的价格变化。其中，横轴代表时间，纵轴代表价格增长率。在纵轴上部，暖色调线条代表了越来越昂贵的产品或服务，如医疗服务、大学教材、大学学费等；在纵轴下部，冷色调线条代表了越来越便宜的产品或服务，如电视、玩具、软件等。此外，图中还绘出了社会平均工资的增长率，为相关人员进行收入与支出的分析提供了参考。

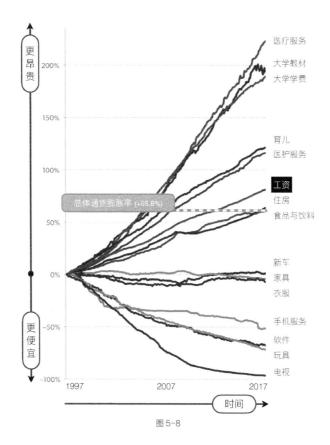

图 5-8

　　图 5-8 中还引入了总体通货膨胀率的参考线，由此可以清晰地看出哪些产品或服务跑赢了通货膨胀。从图中可以看到，那些越来越便宜的东西，似乎都存在着激烈的市场竞争和较少的外在干预；反之，那些越来越昂贵的东西，似乎缺乏一定的市场竞争，也都离不开监管。总之，站在更长远的时间轴上，有的东西因为稀缺性和旺盛的需求注定会越来越昂贵；而有的东西随着科技的发展，会变得越来越普遍，也就越来越便宜。

5.2　收益管理

5.2.1　长尾理论

　　作为从网络时代初就兴起的理论，长尾理论认为：将足够多的非热门产品组合起来，可以形成与热门产品相匹敌的市场。随着该理论在不同领域的应用，很多版本衍生出来。如图 5-9a 的搜索需求曲线所示，横轴代表关键词数，纵轴代表搜索量。排名靠前的一万个"头部"关键词，每个词的月搜索量从几千到几百万不等，共占据了 18.5% 的搜索流量；而"尾部"关键词的月搜索量不足 10 次，却占据了整体搜索流量的 70%。

如图 5-9b 所示，竞争与转化曲线也是一个与搜索相关的长尾模型：其中横轴代表转化率，纵轴代表关键词的竞争强度和成本。"头部"关键词——如"鞋"和"男鞋"——虽然搜索量大，但竞争激烈，转化率较低。"尾部"关键词——如"xx 牌男跑鞋 xx 系列"——面临的竞争相对较弱，关键词成本较低，更容易吸引有特定意图的目标群体，进而完成转化。总之，长尾理论体现了"涓涓细流，汇聚成河"的道理，也证明了"尾部"在收益管理中的重要性。

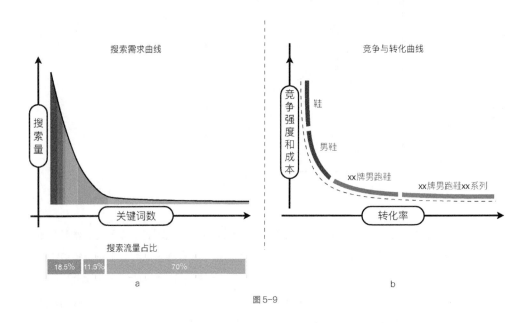

图 5-9

如图 5-10 所示，以航空公司的机票销售为例，矩形的长和宽分别代表着售出座位数和票价，因此面积代表着总收益。图 5-10a 采用了单一票价制，售票流程简单明了，对收益管理系统的要求也很低，以 500 元的价格售出了 85 个座位。图 5-10b 中的 4 个矩形代表了基于多档位票价的销售策略：将一些宽敞、便利的座位以更贵的价格售出，进一步增加收益同时针对价格敏感的客户群，通过特定渠道售出一些更实惠的票，进一步减少库存。

如图 5-10c 所示，与单一票价相比，采用多档位票价带来的总收益提高了 35%，客座率也从 85% 提高到了 95%。如图 5-10b 中虚线所示，这种销售策略也体现了长尾理论：对于"头部"客户群,销售的重点在"质",充分利用优质产品,发掘客户更大的潜在价值;而对于"尾部"客户群,销售的重点在"量"。当然,为了实现多样的销售策略,渠道管理就成为关键,要做好客户群体间的区隔,避免品牌形象的损失。

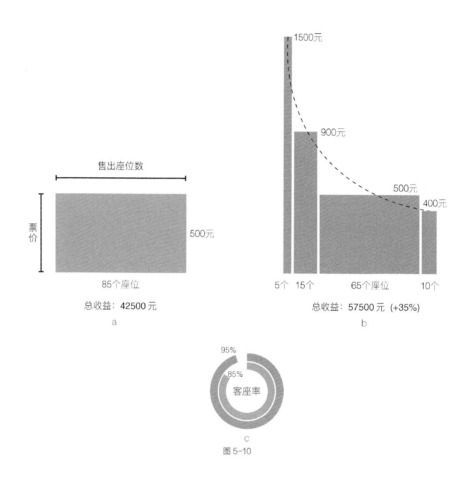

图 5-10

5.2.2 预订曲线

对于航空和酒店行业来说,预订曲线(Booking Curve)相当于收益管理的指南针,它通过一条曲线呈现随着出发或入住日期的临近,实际预订率是否处于一个合理的区间内。该曲线是由历史预订数据汇总而成的,涉及每个订单的预订日期和出发或入住日期。如果缺少历史数据,则可以参考相似产品的市场数据。图 5-11 所示的预订曲线将最终目标设定为 100%,但在实际操作中该数值取决于销售目标。

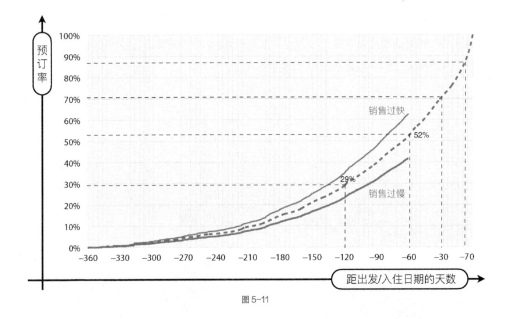

图 5-11

如图 5-11 中虚线所代表的基准水平所示，在出发前 120 天，预订率应该达到 29%；而出发前 60 天，预订率应该达到 52%。如果实际预订率超出了合理区间，则表示销售过快，可能导致提前售罄；如果低于合理区间，则表示销售过慢，需要分析价格是否合理，并采取一定的营销措施，否则会导致大量的库存。总之，收益管理的优化，就是为库存的销售寻找一个合适的速度。此外，在样本量足够大的情况下，预订曲线可以精细到具体的市场、产品和季节等。

5.3　利润

5.3.1　利润构成

提升利润的第一步应该是了解利润，图 5-12a 清晰地展示了利润的构成。在图中，指标的计算过程以树形表达式的形式展现出来，我们可以从中梳理相关联的指标，识别出影响指标的因素。从下到上，图表体现了指标的计算过程，为开发和测试人员提供了参考。此外，一些复杂指标的定义与解释可以采用树形表达式，让复杂的逻辑变得一目了然，并呈现出循序渐进的数据处理过程。

数据的展现形式是多样的，利润的构成还可以通过一组柱形图来表达（图 5-12b）。从

图 5-12b 左侧的"收益"部分来看，单位价格乘以销量可以得到收益。从图 5-12b 右侧的"成本"部分来看，固定成本与变动成本之和构成了成本，而后者由单位变动成本与销量相乘得到。此外，我们还可以进一步计算出图 5-12b 右上方的矩形所代表的固定成本。构成收益和成本的销量为同一指标，所以图 5-12b 最左侧和最右侧图形的宽度相等。最后，收益和成本的差额就是利润。

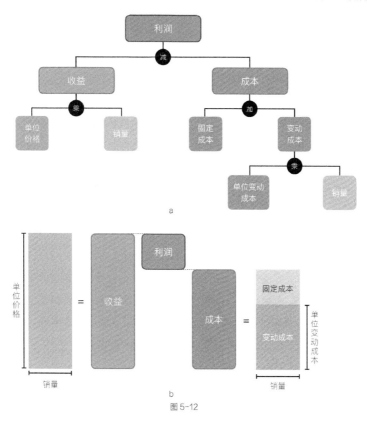

图 5-12

5.3.2 成本控制

a. 用户获取成本

　　再来看一组收益和成本的例子，图 5-13 将用户获取成本（CAC）和用户（或客户）终身价值（LTV）呈现在了时间的维度上。用户获取成本是指在特定时间段内赢得一个新用户所需要的营销与销售的平均成本。从用户的获取到盈亏平衡点的这段时间，被称为回收期，是衡量资金周转和企业成长的指标。增加收益和降低获取成本，都能有效地缩短回收期。在盈亏平衡点之后，用户才开始带来利润，直至服务的终止或用户的流失。

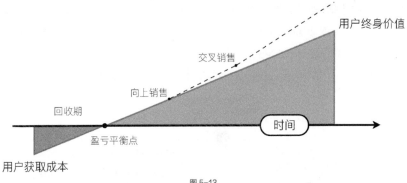

图 5-13

用户终身价值与用户获取成本的比值，也是衡量企业获利能力的一个指标。基于经验，当二者的比值为 3 时，即用户终身价值是用户获取成本的 3 倍时，最有利于企业的健康发展；如果低于 3，则需要提高转化率；如果高于 3，则说明营销与销售的投入不足，会错失一些潜在用户。如图 5-13 中虚线所示，为了提高用户终身价值，可以使用向上销售（推荐用户购买利润更高的同类产品）和交叉销售（鼓励用户购买配套的其他产品）技巧。

b. 质量成本

提高产品的质量是企业的重要目标。因为不合格的产品会给企业造成损失成本，包括废品损失、维修、退货、索赔、口碑下滑、客服成本等。但其实提高产品合格率也是有成本的，即预防成本和鉴定成本，如质量管理培训、产品检验费用等。如图 5-14 所示，随着产品合格率的提升，损失成本会降低，但预防成本会增加。总之，对于质量成本的分析，既需要考虑差品造成的损失成本，也需要考虑提升质量产生的成本。

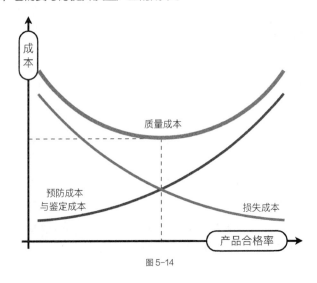

图 5-14

如图 5-14 中虚线所示，当产品合格率在一个适中的范围时，可以达到控制质量成本的最优值。当产品合格率低于质量控制区时，需要加强质量检验、降低损失成本；当产品合格率高于适宜区时，需要调整质量管理标准、提高质检效率。综上，优化质量成本的过程，既体现了联合优化的思想，在产品合格率和多种质量成本之间寻找平衡点，又证明了图表的价值，把违反常理的事实展示出来。

5.3.3　鲸鱼曲线：产品获利能力分析

企业生产的各种产品具有不同的获利能力，可概括为 3 类：盈利产品、盈亏平衡产品和亏损产品。鲸鱼曲线（Whale Curve）可以把各类产品的利润汇总并呈现出来，为企业获利能力的分析提供参考。为了绘制曲线，需要进行一定的数据处理：将企业的产品按利润大小进行排序，然后对利润进行累计求和，再用累计求和的数值除以利润总和，从而得到百分比的数值，即图 5-15 中曲线上的节点。因为该曲线与鲸鱼背部的轮廓相似，所以它被称为鲸鱼曲线。

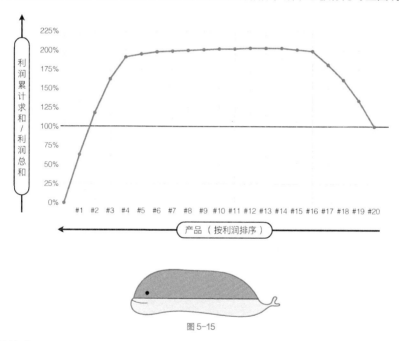

图 5-15

从曲线中不难看出二八法则的影子：在头部，约 20% 的产品为企业创造了绝大多数的利润；在尾部，约 20% 的产品造成了不小的亏损；而剩余的中间产品，基本做到了盈亏平衡。总之，"鲸鱼"巧妙地把所有产品的利润表现浓缩到了一条曲线中。所有的鲸鱼曲线都始于 0%，在经过冲高和回落后，都止于 100%。基于这一特点，该曲线既可以同历史数据进行比较，又可以与不同企业进行对比。此外，该曲线分析的对象也可以是企业的客户或者项目。

5.3.4　幂律曲线：企业获利能力分析

幂律曲线（Power Curve）延续了鲸鱼曲线按照利润排序并整合数据的方法，从更宏观的角度去分析企业的获利能力。该曲线基于麦肯锡的"企业业绩分析"数据库，汇总了 2393 家企业在 2010 年至 2014 年间的经济利润（即总收益减去机会成本）。曲线两侧呈现出的指数级的下降与增长，体现了企业利润的参差不齐。虽然曲线背后的利润数据有很大的局限性，但曲线所呈现的模式和分析问题的思路是值得研究的（图 5-16）。

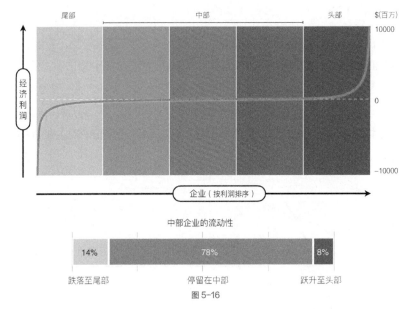

图 5-16

处于优势地位的企业，进入了盈利与发展的良性循环，而且在图中越是靠近右侧的企业，其发展势头越迅猛。对于落在曲线平坦的中部的大多数企业来说，其利润接近于零，在盈亏线上下徘徊；如果从时间的维度上看，随着企业的发展和时代的变迁，8% 的企业可以跃升至头部，78% 的企业会停留在中部，同时也会有 14% 的企业跌落至尾部。总之，企业可以根据自身的经济利润值，从曲线中找到自己的位置，并选择合适的目标与战略。

5.4　商业模式

5.4.1　商业模式画布：梳理商业模式

由作家兼创业者亚历山大（Alexander）提出的"商业模式画布"（Business Model

Canvas），把"商业模式"这一模糊且抽象的概念变得可视化、标准化和模块化。对画布的解读，可以从市场和产品两个方向进行。在市场侧，通过客户细分确定目标客户群，选择并优化传递价值的渠道通路，建立并维护良好的客户关系，同时确保稳健的收入来源。在产品侧，利用资金、人才等核心资源，与供应商等重要伙伴合作，开展创造价值的关键业务，同时注意对成本结构的把控（图 5-17）。

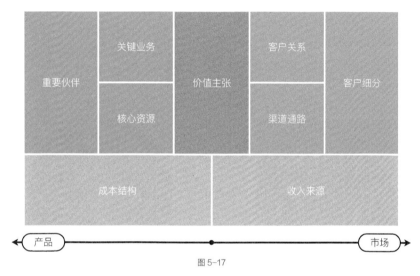

图 5-17

最后，通过价值主张把市场侧与产品侧相连，用产品或服务去满足客户的需求，并在激烈的市场竞争中巩固企业的位置。该画布完整地梳理了商业模式的各种元素，涵盖了企业的所有资源与业务，既可以用于分析企业当前的商业模式，也可以探索未来的商业思路。此外，该画布的使用范围也非常广泛：从创业公司到成熟的企业，不同规模的公司都可以使用；从头脑风暴到商业计划，不同形式的信息梳理都可以参考此模型。

通过不同模块的再组合，我们可以从更多的角度去解读商业模式画布。从价值的角度去看，产品侧在创造价值，市场侧在交付价值，成本结构和收入来源构成了价值获取，而价值主张则是不同模块之间的纽带（图 5-18a）。从商业三要素的角度去看，产品侧通过内外部资源的整合，确保了技术可行性；市场侧和价值主张通过与客户的沟通和对需求的分析，确保了客户渴望；成本结构和收入来源通过对收支的把控确保了商业可行性（图 5-18b）。

我们对商业模式画布中的部分模块进行更深入的分析，便可以得到价值主张画布（Value Proposition Canvas）。如图 5-18c 所示，圆形代表着对客户的理解与定义，具体包括客户的工作、客户收益和客户痛点；正方形代表着为客户创造的价值，具体包括产品与服务、收益创造和痛点缓解；而正方形与圆形的连接代表着产品与市场的匹配。此外，该画布还可以与"用户故事"相结合：作为某种客户角色，我想要什么功能，所以我可以实现什么结果。

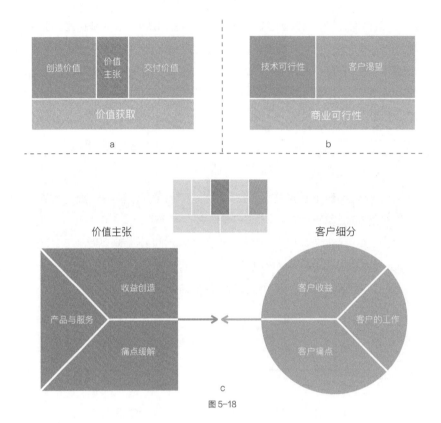

图 5-18

5.4.2 创新十型模型：选择创新组合

创新咨询公司 Doblin 提出了创新十型模型（Ten Types of Innovation），为创新方向的探索提供了清晰且实用的分析框架。模型将创新归纳为 3 个角度下的 10 种类型：从位于"幕后"的配置创新的角度来看，包括盈利模式、网络、结构、流程；从产品创新的角度来看，包括产品性能和产品系统；从位于"台前"的体验创新的角度来看，包括服务、渠道、品牌、客户互动。如图 5-19a 中双向箭头所示，这 3 个角度也体现了从后端到前端的过渡。

在该模型的基础上，我们可以更系统和全面地分析不同公司或产品的创新情况。具有创新力的公司，常常采用多种类型的创新。例如，乐高公司通过与动画工作室合作去创作标志性的人物，通过坚持与积累形成了一套成熟的行业标杆级产品系统，通过活动中心去加强与客户的互动（图 5-19b）。此外，该模型还定义了创新的规模，包括层层递进的 3 个等级：通过改进产品去改变已知，通过产品重构去改变边界，以及最具风险的改变游戏规则。

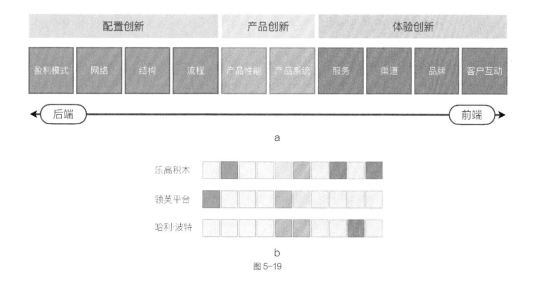

图 5-19

英雄所见略同，创新十型模型中的 10 种创新类型，可以与商业模式画布中的 9 个模块形成很好的对应关系。如图 5-20 所示，配置创新与画布中的产品侧相匹配，都是通过资源和流程的整合去创造价值；体验创新与画布中的市场侧相匹配，都是面向客户去交付价值；产品创新与画布中的价值主张相匹配，都是模型的核心，连接着模型的两侧；而盈利模式创新则等同于画布中的成本结构和收入来源。

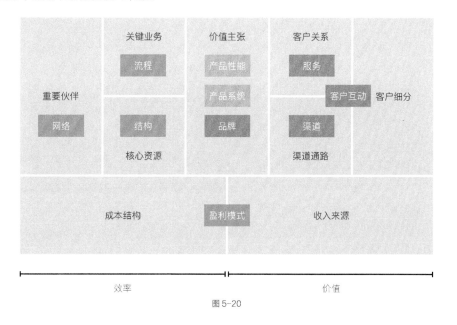

图 5-20

　　如图 5-19a 所示，如果我们站在更高的角度去分析模型，会发现左侧更加重视效率，而右侧更加重视价值。将两个模型相关联的过程，就像我们在头脑风暴时把创新类型的便签贴在了画布上。总体来说，两个模型各有千秋：商业模式画布更可视化，也更易于上手，且模块之间的关联更加紧密；而创新十型模型更加扁平，更侧重于创新，且汇总了头部创新者的创新案例。其实，当我们换一个角度分析问题的时候，往往就会发现新的思路。

第 6 章

图解组织与运营

6.1 人才构成与培养

6.1.1 人才构成

a. RACI 矩阵模型

从数据映射的角度来看，员工与任务是多对多的对应关系：一名员工需要完成多项任务，一项任务有时会需要多名员工合作完成，而矩阵模型恰好可以表达出这种对应关系。在图 6-1 所示的职责分配矩阵中，列代表了不同的员工，行代表了不同的任务。此外，RACI 角色的引入，成为矩阵模型的第 3 个维度，具体包括：负责完成任务的角色 R、批准重要决策的角色 A、提供咨询与意见的角色 C，以及被告知的角色 I。

		甲	乙	丙	丁	戊	己
产品管理	产品规划	A	R	I	C	I	I
	用户需求整理	R	A		C	I	C
	产品设计	I	A	C	R		I
产品支持	项目验收与产品发布	C	A	C	R		I
	产品运营与推广	A	C	I	I	I	R
市场协助	市场调研与竞品分析	I		C	A	C	R
	大客户对接	A	I		C	R	I

RACI 角色汇总	负责 Responsible	1	1		2	1	2
	批准 Accountable	3	3		1		
	咨询 Consulting	1	1	3	3	1	1
	告知 Inform	2	2	2	1	3	4

图 6-1

从矩阵中行的视角去分析，每行代表着一个项目组或者一条业务线，由此可以清晰地看到每个任务相关的员工。另外，每行最好只有一个 R 角色，从而避免责任人缺失或者职责不明确的情况。从列的视角去分析，角色汇总呈现出每个员工的工作量和任务性质。

b. M 型人才

本书开篇阐述过"T 型人才"的概念：他们既拥有通才的基本技能，又拥有专才的专业技能。如果进一步讲，M 型人才实际上更受欢迎。模型的纵轴代表着人才专业度，箭头指向寓意着其在相关领域的钻研（图6-2）。横轴代表着人才的职业发展，随着年龄的增长，他们应对某些任务会变得力不从心，这时就需要拓展新的技能，从而在公司找到新的位置。

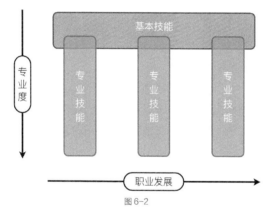

图 6-2

从 T 型到 M 型的转变，不但是个人职业发展的需要，有时甚至是行业变革所带来的必然要求。对员工个人来说，他需要走出舒适区，进入拓展新技能的学习区，这种转变体现了终身学习的意义，也促使员工去发现真正适合自己的岗位。对企业来说，这种转变可以让人才创造出更大的价值，可以提高项目协作的效率，也可以避免自身对某些员工的过度依赖。因此，企业应该培养这种复合型人才，并在公司内营造终身学习的氛围。

6.1.2 个人技能的提升

a. 安索夫矩阵

在分析市场与行业时，安索夫矩阵从市场和产品两个维度出发，针对 4 个象限的不同组合提出了相应的营销策略。其实，安索夫矩阵也可以用于职业规划中个人技能的分析，此时模型由行业和技能两个维度组成，从而得到了 4 种组合（图6-3）。此外，表格中还加入了矿井的类比：选择行业就像勘探矿区，而自身技能则相当于钻头，个人可通过向下深钻获得更大的价值。

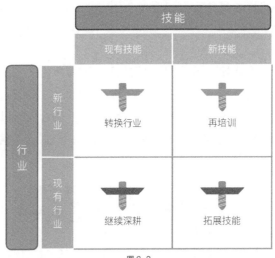

图 6-3

如果个人要维持现有的行业和技能不变，则需要继续深耕，进一步提升专业度和核心竞争力，并逐渐塑造自己的不可替代性。如果将现有技能应用到新行业，则需要补习行业知识，梳理可迁移技能，并找准行业的切入点，完成行业的过渡。如果将新技能应用到现有行业，则可以借助现有的资源去拓展并强化技能。如果要在新行业中使用新技能，则离不开一定强度和时间的职场再培训，从而实现脱胎换骨般的转型。

b. 学问的高低

马特（Matt）教授在《博士指南图解》（*The illustrated guide to a Ph.D.*）一书中，通过抽象的圆圈阐述了我们在受教育过程中不断提升的过程（图 6-4）。首先，黑色的圆圈代表了人类知道的所有知识。从小学到中学，我们对各个领域都有了一些基本的认识；在大学阶段，既有圆环所代表的通识教育，也有凸起的部分所代表的专业知识与技能；最后，一名合格的毕业生将拿到学士学位。

如果沿着大学本科的专业继续深造，那么就如图中变深的颜色和凸起，我们进一步加深了对该领域的认识，并拿到了硕士学位。如果继续深造，学术论文的阅读和日日夜夜的实验将我们带到了人类知识的最前沿。若能坚持在某一个点上，向未知领域推出一个"小包"，那么就可以得到博士学位。此外，作者在文末还号召大家去不断扩展认知的边界。

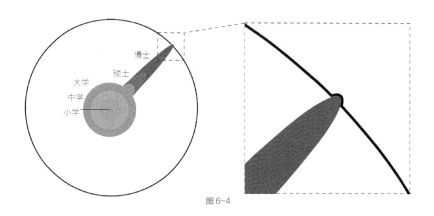

图 6-4

c. 艾宾豪斯遗忘曲线

在学习新知识或者拓展新技能的过程中，难免会有遗忘。为了表述中长期记忆中的记忆率，心理学家艾宾豪斯（Ebbinghaus）提出了遗忘曲线（图 6-5a）。该曲线是建立在实验的基础之上的：首先让测试者学习一些毫无意义的字母组合，然后在一定的时间间隔后去检查他们的记忆率，进而绘制出一条曲线。如图 6-5 所示，遗忘是有规律的，而且其速度不是恒定的。比如我们学习了一些知识，在 20 分钟后，大约只能记住 58% 的信息，一天后的记忆率只有约33%，而一个月后则降至 21%。

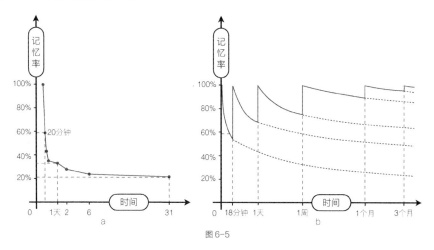

图 6-5

通过该曲线可以看出，遗忘知识的速度是先快后慢的，针对这种规律的对策就是不断复习。通过重复性的学习，用新的遗忘曲线去取代原有的曲线，并把短期记忆变成长期记忆。而且经过一次次巩固，遗忘曲线会变得越来越平缓（图 6-5b）。不过，每个人的遗忘速度是不同的，对不同类型信息的遗忘速度也不同。所以这里的曲线模型只是一个参考，我们要在实践中摸索出属于自己的遗忘曲线，进而找到适合自己的学习节奏。

6.1.3　企业的人才培养

a. 3E 学习模型

企业的人才培养可以借鉴 3E 学习模型，即教育（Education）、辅导（Exposure）和实践（Experience）3 个阶段（图 6-6）。在教育阶段，我们通过书本、课程、讲座、会议等正式的学习方式，去构建结构化的知识体系；在辅导阶段，我们跟随导师、教练、社群，加深对知识或技能的认识；在实践阶段，我们通过日常工作，特别是一些有挑战性的任务，在岗位上边学边做，从而完成了经验的积累与技能的强化。

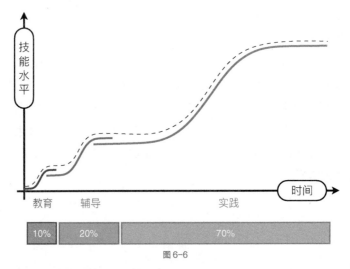

图 6-6

如图 6-6 中的堆积条形图所示，3 个阶段保持着 10∶20∶70 的比例，因此该模型又被称为 70-20-10 学习法则。此外，该学习模型还可以通过 S 形曲线来表达。其中，纵轴代表着技能水平，横轴代表着时间。在每个阶段的初期，我们都要经历一段时间的摸索与适应；随后，技能水平得到快速成长；最后，进入了成熟稳定的阶段。

b. 技能意愿矩阵

技能意愿矩阵为企业的人才培养与管理提供了一个分析框架。如图 6-7 所示，矩阵的横轴代表着员工工作技能（Skill）的高低，纵轴代表着员工在工作中意愿（Will）的强弱，也就是积极性的高低。因此，该矩阵又被称为 Skill-Will 矩阵。于是，两个维度构成了 4 个象限，而针对处于不同象限的员工，企业可以采取相应的培养方式。在强意愿低技能象限中的员工通常以新人为主，企业可以通过安排导师或前辈，去指导这些员工提升技能。对于在弱意愿低技能象限中的员工，企业需要更明确、更严格地进行指挥，甚至考虑将其淘汰。

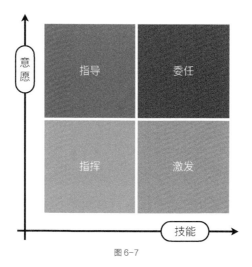

图 6-7

对于处于弱意愿高技能象限的员工，企业可以通过为其安排有趣的挑战，去激发其积极性，提高其斗志。而处于强意愿高技能象限的员工属于需要重点培养的对象，企业需要给予其充分的授权和更多的委任，让其在应对各种挑战中实现自我。从时间的维度去看，一名员工在职场的不同阶段会处于不同的象限，通过系统地培训和合理地引导，可以将其变成强意愿高技能象限中的一员。此外，矩阵的两个维度是相互独立的，由此可以引发"在职场中是能力重要还是态度重要"的思考与讨论。

6.2 管理者与领导风格

a. 管理技能模型

基于企业管理者需要掌握的一些管理技能，学者库茨（Kutz）提出了管理技能模型。模型将职场中的管理技能概括为 3 类：运用特定的方法或技术解决实际问题的技术性技能；与人沟通、参与团队协作的人际关系技能；以及具有创新精神、抽象思维、全局意识的概念性技能。如堆积面积图 6-8 所示，虽然这 3 类技能都是要求管理者必备的，但不同层级管理者的侧重点则大不相同。如高层管理者更需要较为抽象的概念性技能，而基层管理者则更看重解决实际问题的技术性技能。

在这个概念模型中，如果从坐标轴的视角去分析，可以产生不同的解读。模型的横轴代表着技能的拓展：作为管理岗位的起点，我们离不开具体的技术和技能；其次，在团队协作中，我们逐渐提高了人际关系技能；然后在前两类技能的基础上，逐渐拓展出一些概念性技能。而模型的纵轴代表着在职场中的爬升：随着层级的提高，我们的视野变得更加开阔，所关注的问题也从具体变得抽象。不过，作为沟通协作纽带的人际关系技能一直占据着重要地位。

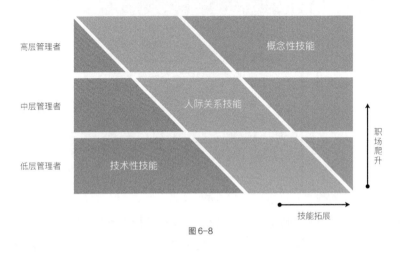

图 6-8

b. 领导风格矩阵

为了梳理领导风格，可以从领导权威性和团队自主性两个维度出发，构建出一个矩阵（图 6-9）。其中每个维度包括强、中、弱 3 个等级，进而领导风格被归纳为 9 个类别。此外，模型还提出了一套评分系统，从团队成员的参与度和团队的效率去量化不同的领导风格类别，由此得到最有效的领导风格，即中等权威性的领导和自主性很强的团队的组合。总之，领导风格的培养与改进，就是在领导权威性和团队自主性之间寻找平衡的过程。

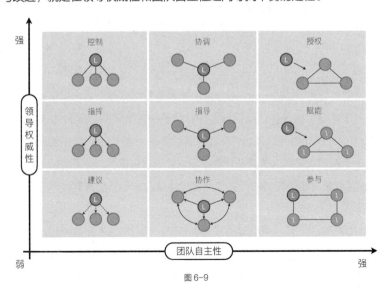

图 6-9

每一个类别都以网络图的形式表达了不同的领导风格。其中的"L"节点代表着管理者，而其他 3 个点代表着团队成员，连接线的线型、箭头则代表着领导与被领导的关系。这种抽象的表达方式也体现了"一图胜千言"的原则。此外，作为由矩阵与网络图组成的复合图表，该模型为类别间的对比提供了多种角度：既可以在同一列中分析领导权威性的影响，又可以在同一行中分析团队自主性的价值。

6.3 项目管理与团队协作

6.3.1 优先级

a. 80/20 法则

在决定任务优先级时，可以参考 80/20 法则。该法则是由经济学家帕累托（Pareto）提出的，又被称为帕累托法则，用于描述在投入与产出之间无法解释的不平衡问题。如图 6-10a 所示，左侧代表着付出的努力，右侧代表着收获的结果。不同任务的投入与产出比是不一样的：对于少数的重要任务，要学会聪明地工作，付出 20% 的努力去收获 80% 的结果；而对于一些琐碎的任务，需要努力地工作，甚至付出 80% 的努力才能达成 20% 的结果。

此外，这种不平衡的对应关系也可以用线形图来表达，如图 6-10b 所示。图中的横轴代表努力，纵轴代表结果。最初，通过聪明地工作可以实现 80% 的结果；然后，通过努力地工作去完成最后的 20%。两段曲线的坡度也体现了投入与产出之间的不平衡。基于该法则也衍生出一些工作中的建议：比如，找出关键的 20%，并在完成任务时追求卓越；再如学会放手，把一些琐碎的任务交给专业人士。不过，该法则中的 80/20 的比例并非适用于所有情况，不能简单地套用。

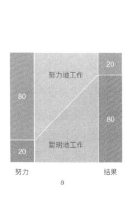

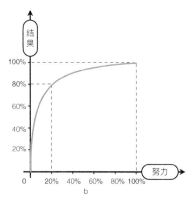

图 6-10

b. 重要紧急矩阵

　　对于任务优先级和时间管理来说，重要紧急矩阵是一个被广泛使用的矩阵模型（图6-11）。矩阵由两个维度构成，纵轴的任务重要度又分为"轻"与"重"，横轴的紧急度又分为"缓"与"急"，并由此得到4个象限：首先，需要"马上做"的是重要且紧急的任务；其次，对于重要但不紧急的任务，要制订计划去做；再次，对于不重要但是紧急的任务，要学会放手，授权给别人去做；最后，对于既不重要又不紧急的任务，需要少做甚至不做。

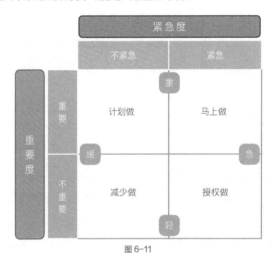

图 6-11

　　重要紧急矩阵虽然是一个静态模型，但它会随着时间发生一些变化。如果没有合理的计划和较高的执行力，那么一些重要不紧急的任务将变成重要且紧急的任务，从而让我们手忙脚乱，并陷入恶性循环。因此，我们要格外关注重要不紧急的象限，主动、从容地完成任务。此外，如图 6-11 中的绿色标签所示，该矩阵还可以跟"轻重缓急"的说法相匹配，可谓文本与图表相融合的又一范例。

6.3.2　项目管理方法

a. Stacey 矩阵

　　基于需求和技术两个维度，Stacey 矩阵将项目类型归纳为 4 个类别，并推荐了相应的管理方法（图6-12）。纵轴从商业角度出发，代表项目的需求，可能是明确的、客户所同意的，也可能是模糊的、充满不确定性，甚至与最初的需求有偏差。而横轴从技术角度出发，代表所采用的方法或工具，可能是成熟的、已知的，也可能是新兴的、未知的。此外，该模型还体现了"先分后合"的分析思路，将具有类似特征的项目合并起来去分析。

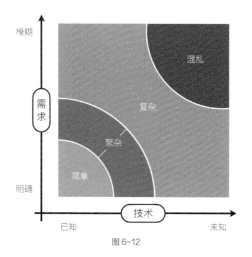

图 6-12

需求明确、技术确定的简单项目，可以采用瀑布开发方法；技术有些不确定的技术性"繁杂"项目，可以采用敏捷开发方法；需求有些不确定的商业性繁杂项目，可以采用瀑布开发方法；需求和技术都有些不确定的复杂项目，可以采用敏捷开发或 Scrum 方法；需求模糊且技术未知的混乱项目，可以采用敏捷开发或看板管理方法。总之，项目管理方法各有千秋，不能简单地去评判，只有适合项目特征的才是最好的。

b. 敏捷开发与瀑布开发对比

敏捷（Agile）开发作为一种新型的项目管理方法，常被拿来与传统方法做比较。图 6-13 对比了敏捷开发与瀑布开发在不同维度上的表现。线形图都以时间作为横轴去表达项目的推进，而纵轴则代表了不同的指标。从商业价值的角度来讲，自第一个版本的迭代起，敏捷开发所创造的价值就是可见的；而瀑布开发则需要等到项目交付时才能体现价值。同时，敏捷开发循序渐进的特点也能尽早降低项目风险。

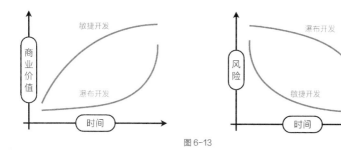

图 6-13

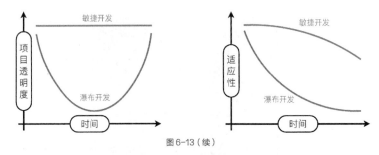

图 6-13（续）

从项目透明度的角度来讲，敏捷开发的一些机制保证了项目全过程的透明度，而瀑布开发在项目中期则不够明朗。从适应性的角度来讲，敏捷开发通过快速迭代和客户参与，保证了产品的适应性；而瀑布开发过于强调文档，难以应对需求的变化，特别是在设计阶段之后。此外，该组线形图也为高维多元数据的可视化提供了示例，特别是需要在不同维度中权衡取舍的情况下，这种图表的堆叠便于用户的反复对比。

6.3.3　文档的类别

在团队的沟通与协作中，文档发挥了重要的作用。软件公司 Divio 提出的文档系统，将文档归纳为 4 个类别，并根据各自的特点和用途，概括出相应的整理与撰写方法。如图 6-14 所示，系统的横轴代表了文档的用途，包括学习和工作；纵轴代表了文档的性质，包括实践操作和理论知识。辅导类文档是学习导向的，用于引导新手去学习新的实践操作，如教孩子如何做饭。

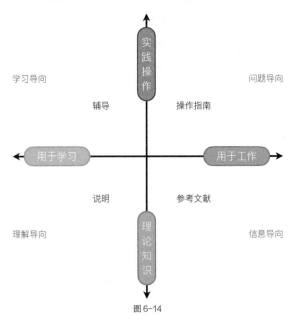

图 6-14

操作指南类文档是问题导向的，用一系列的步骤去解决一个具体的问题，如烹饪书中的菜谱。参考文献类文档是信息导向的，用翔实的语言去描述事物的机理，如百科全书。说明类文档是理解导向的，用散漫的文字去解释特定的话题，如一篇关于烹饪史的文章。通过对文档系统的梳理，我们可以优化文档的撰写质量和风格，增进团队成员的沟通和协作，进而保证项目的顺利推进。

6.4　工作效率与边界

6.4.1　工作效率

心流（Flow）是人们在专注于某件事时表现出的一种愉快的状态，并伴有高度的兴奋感和充实感等积极情绪，因此这种状态可以有效地提升工作效率。如图 6-15a 所示，心流取决于两个维度：个人能力的强弱和所做事情挑战性的高低。如果自己的能力不能胜任工作，人们会感到焦虑；如果自己的能力超出了工作所需要的水平，则会感到无聊。只有在能力与挑战性相当的那个区间内，人们才能达到"能力所及"且"富有挑战性"的状态，从而进入心流状态。

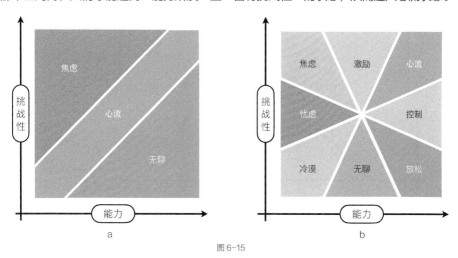

图 6-15

进一步讲，由能力和挑战性两个维度所构成的模型，还可以被分为 8 个区域，从而得到更加精细的状态分类（图 6-15b）。只有具有了一定的能力和面对一定难度的挑战时，人们才有可能进入"心流"区域。如果用较弱的能力去面对较低难度的挑战，换来的则是"冷漠"。总之，不论是个人在选择任务时，还是管理者在分配任务时，都要根据能力和挑战性进行匹配。建议选择一个"跳一跳摸得着"的目标，从而进入心流状态，达到较高的工作效率。

　　此外，我们也可以通过其他视角去解读心流状态：图 6-16a 中的纵轴代表了工作效率，横轴代表了动机。当员工的工作动机不足时，会感到无聊，注意力难以集中，工作效率也较低；随着动机的提升，注意力得到提高，员工逐渐进入了心流状态，甚至达到了最佳水平；但如果动机过强，过度的刺激会造成表现下降，并使员工焦虑。其实，在某种程度上，3 种状态也对应着技能成长的 3 个区域：舒适区、学习区和恐慌区。

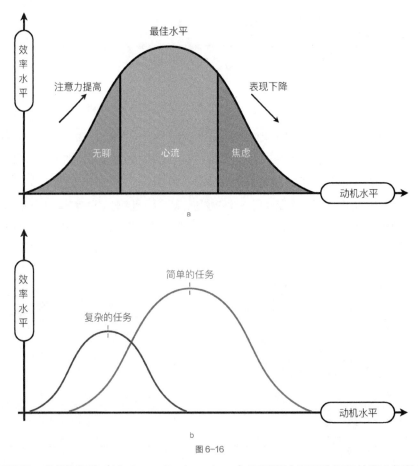

图 6-16

　　耶基斯 – 多德森定律（Yerkes - Dodson Law）不但描述出了动机和效率之间的关系，还提出任务的难度决定了对应的最佳水平。图 6-16b 中引入了挑战性维度，用两条曲线代表不同挑战性的任务。面对复杂的任务，较低的动机和预期、充分的练习与准备、循序渐进的方法都有助于任务的完成。而处理简单的任务时所达到的最佳效率水平，要比复杂的任务更高，所需要的动机水平也更高。

6.4.2 工作与生活

a. 时间环

作为一种宝贵的资源，时间被分配到工作与生活中。时间分配的可视化，为人们优化时间管理提供了参考。数据工作者安德鲁斯（Andrews）通过项目"创意例程"（Creative Routines），整理出了不同领域的工作者是如何安排时间，这些人中有作曲家、画家，也有科学家、哲学家等。每个时间环被分成了24份，并分配给了相应的活动：从主要工作到次要工作，从三餐到睡觉，从社交到锻炼。同时，该图还使用不同的颜色表示活动的类别（图6-17）。

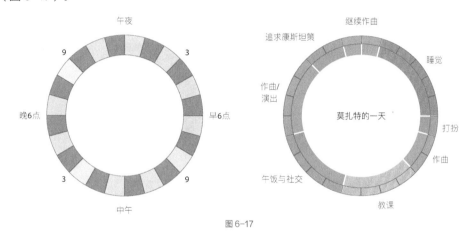

图 6-17

美中不足的一点是，时间环的一周所代表的时间是24小时，与钟表的一圈代表12小时不同，而这种差异也增加了该图的学习成本。在熟悉了时间环的表达方式之后，我们就可以快速地解读出不同领域工作者的作息规律。此外，随着智能手机、手表等智能工具的普及，我们不妨收集一下自己的日常作息，绘制出属于自己的时间环，从而迈出时间管理的第一步。

b. 权衡与融合

人们如何在工作和生活之间找到平衡点，一直是热度不减的职场话题。但随着居家办公的兴起、灵活工作模式的推广，以及沟通与协作软件在手机端的普及，工作和生活的边界变得模糊。于是，如何协调两者的关系，成了人们新的挑战。图6-18表达了几种不同的融合状态。位于最底部的"朝九晚五"族，其工作和生活的界限清晰、清闲自在；而位于最顶部的"创业者"群体，工作和生活完全融合、密不可分。

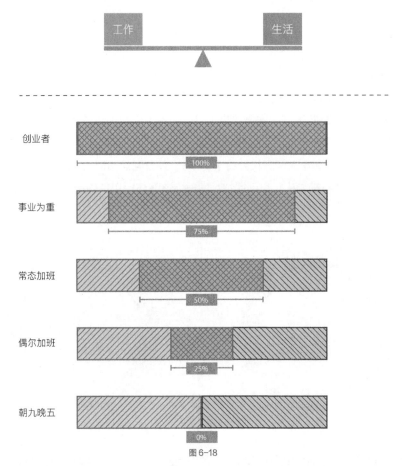

图 6-18

通过多任务的管理和优化，融合区域也可以得到一定的利用。我们不妨根据自身情况，计算并绘制一下目前自己工作与生活的融合度，进而思考改进的方向。其实，工作为我们的生活提供了一定的物质保障，反过来，我们在生活中的兴趣爱好、旅行计划等可以成为与同事交流的话题，从而加深相互的了解。对企业而言，通过内部兴趣小组、专题讲座之类的方式，企业可以增强员工之间的纽带，丰富企业文化，进而提升员工的工作效率。

第 7 章

成为会讲故事的人

7.1　讲好故事的技能矩阵

a. 全栈技能矩阵

　　就像全栈工程师一样，一个会讲故事的人需要掌握多方面的技能，而全栈技能矩阵为个人技能的梳理提供了一个框架。如图 7-1 所示，矩阵的纵轴代表硬技能和软技能，其中硬技能包括掌握编程语言和相关工具，而软技能则包括人际交往能力、表达能力和商业头脑等。矩阵的横轴代表前端和后端，其中前端包括需求的收集、图表的制作、项目的展示等，而后端则包括数据的处理、模型的构建、商业思路的梳理等。

　　上述矩阵所罗列的技能，只是笔者根据自身经验的总结。读者可以结合自身情况和工作需求，绘制出属于自己的全栈技能矩阵，并通过不断学习去拓展新的技能。随着学习平台日趋多元化，学校不再是唯一能学到知识和技能的地方，每个人都可以找到适合自身的学习平台，成为终身学习者。相信随着技能的扩充，你会逐渐成为一名全栈数据故事讲述者（Full-Stack Data Storyteller）：从项目初期的需求整理，到数据的采集与处理，再到最终呈现与交付，都能做得得心应手。

b. 数据可视化工具的级别

　　如图 7-2 所示，针对数据可视化相关的程序库，数据工作者克里斯特（Krist）提出了"抽象级别"的概念，他认为级别的选择存在着表现力和工夫之间的权衡。低级别的程序库，就像橡皮泥，我们可以根据需求对其进行高度定制化的创作，但要多花工夫，并需要一定的技能水平。高级别的程序库，提供了一些即时可用的模板，使用者通过短短几行代码就可以得到所需要的图表，但图表效果常受到模板的限制。而介于两者之间的级别，就像可组合的积木一样，既有拿来即用的模块，又有部分定制化功能。

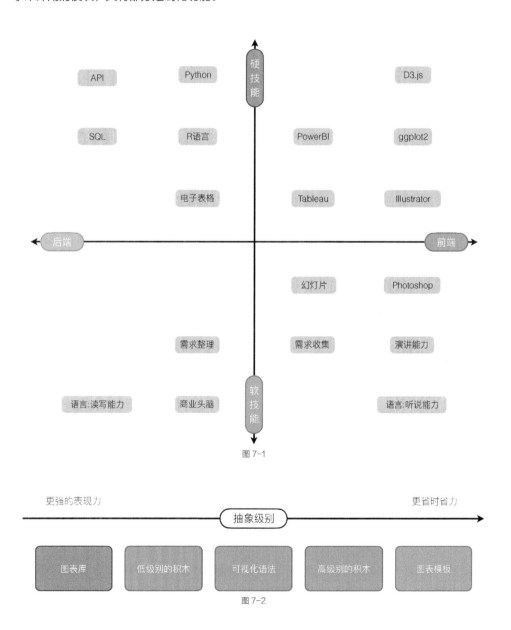

图 7-1

图 7-2

c. 产品复杂度与用户技能

通过迭代，在增加产品功能的同时，我们努力控制或降低产品的复杂度。如图 7-3a 中的曲线所示，不同的产品在竞争中不断优化，最终产品达到了功能与复杂度的平衡，赢得了更多的用户。在内力和外力的共同作用下，产品变得更加友好、易用。对于用户来说，通过不断地学习与实践，他们的技能得到了提升；而对一个团队而言，通过技能培训和导师机制，把更适合的人才放在相应的位置上，团队进一步促成了用户技能的提升。

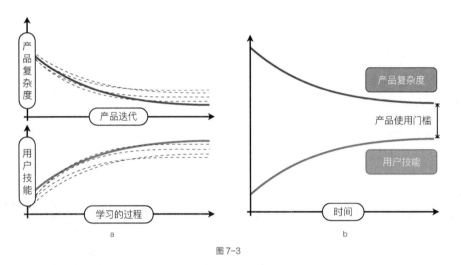

图 7-3

如果将产品复杂度曲线和用户技能曲线绘制在一张图上，那么两条曲线之间的差距就是一个产品的使用门槛（图 7-3b）。一方面，产品通过迭代在不断优化，并通过新手指引、用户案例等方式引导着用户。另一方面，用户通过学习不断地强化自己的技能，征服学习曲线。在两者的共同努力下，上述差距（也可以视为缺口）逐渐变小，产品使用门槛也逐渐降低。

7.2　选择合适的图表去讲故事

a. 视觉传达矩阵

数据可视化专家斯科特（Scott）在《优秀图表》（*Good Charts*）一书中提出了视觉传达矩阵，通过两个问题将图表分为 4 个象限（图 7-4）。横轴的问题是："图表所要传达的信息是概念还是数据"；纵轴的问题是："图表是在陈述某事还是在探索某事"。在 4 个象限中，最常见的类型是"日常数据可视化"，需要向受众确认并介绍背景信息，传递出少量的简单信息。

此外，"概念描述"也较常见，是咨询顾问的必备技能，传递给受众复杂的概念，并保持信息结构和逻辑的清晰。

"创意挖掘"常用于头脑风暴、开放讨论、团队建设等非正式场合，针对未定义的复杂信息，从不同的视角去探索，以便解答一些管理难题，例如架构调整、新业务流程设计等。最后，是较为复杂的"视觉探索"，包括假设检验和开放性的探索。后者主要是数据科学家和商业智能分析师的工作，但随着工具的普及和易用，管理者也可以从海量的复杂数据中发现规律、趋势或异常。

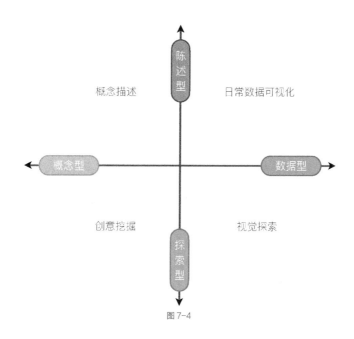

图 7-4

b. 汇报矩阵

演说家、沟通专家南希（Nancy）在《数据故事》（*Data Story*）一书中，针对与管理层的信息沟通，提出了汇报矩阵：其纵轴是可视化的程度，横轴是口头或书面的沟通方式。除了向上层汇报，该矩阵也可以为团队的沟通协作提供参考。除了传统的口头演示，汇报者还可以将幻灯片文档提前分发下去，便于听众阅读与参考，让听众以自己的节奏去接收信息。位于矩阵中心的"一页纸"方式，涵盖了沟通中的重点信息，可作为谈话的补充或邮件的附件。

我们对矩阵的解读，还可以从信息载体的大小出发。在讲故事的同时，我们需要根据信息呈现的载体和环境，用"响应式设计"的思维去设计图表的大小和布局。基于投影仪或大屏幕的演示，便于可视化效果的呈现和工具的实时操作，但不适合太多的文本内容。基于纸质版或电子版的幻灯片文档和"一页纸"方式，呈现的是大信息量的静态图表。基于短信或邮件的沟通，可以通过几张关键图表的展示，去引发人们进行更深入的讨论（图 7-5）。

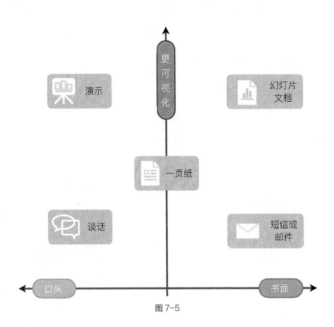

图 7-5

7.3　是科学也是艺术

不论是讲故事还是听故事，都离不开接收和处理信息的大脑。左右大脑的分工不同且各有所长（图 7-6）：左脑更加理性，主要负责逻辑、数学、推理、分析、语言等；而右脑更加感性，主要负责创意、图画、情感、想象、音乐等。用图表讲故事的过程，既需要左脑去处理数据和梳理文字，又需要右脑去构思创意和设计图表。因此，一个图表故事是在左脑和右脑的共同参与下完成的。

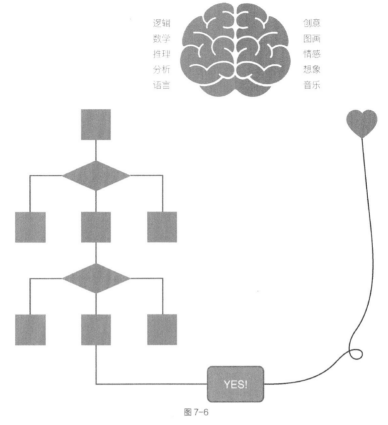

图 7-6

在通过图表故事传递信息的过程中，一个好的故事可以通过缜密的逻辑、清晰的步骤去说服左脑，获得理性的认可；也可以通过情感上的连接去赢得右脑，进而实现感性的绑定。一个是硬实力的按部就班，另一个是软实力的四两拨千斤。当两种实力共同作用时，产生的合力将更有说服力，并且更加持久。如此看来，用图表讲故事既是一门科学，也是一门艺术。

7.3.1 用文化去升华故事

a. 语言

语言是以文本为载体的，从数据的角度看，它属于非结构化信息，但其实也存在着一些结构化的关系。以"听、说、读、写"4 种能力为例，图 7-7a 所示的矩阵概括出了其中结构化的关系：在沟通能力的维度上，包括理解和表达；在沟通方式的维度上，包括口头和书面。"说"就是"口头表达"，"读"就是"书面理解"，"写"就是"书面表达"。

图表之间是可以相互转化的，图 7-7a 所示的矩阵可以转化成图 7-7b 所示的树形图。该树形图先从沟通方式的维度去划分，两个分支分别代表了口头和书面。然后从沟通能力的维度去划分，体现了信息传递的方向，左分支是代表输入信息的理解，右分支是代表输出信息的表达。通过树形图，我们可以轻松地解读出能力之间的关联，比如，口语水平的提升可以从听力着手，而写作水平的提升则离不开阅读的积累。

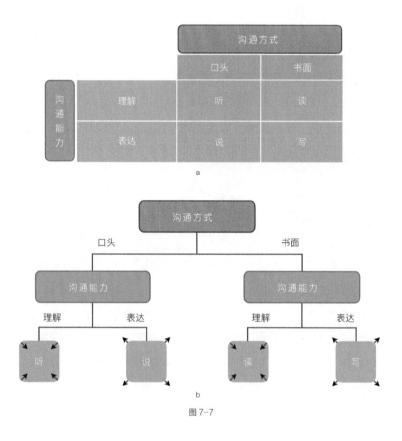

图 7-7

b. 电影海报

电影通过影像讲述故事，其视觉化元素可以为数据表达带来一些启发。演说家、沟通专家南希（Nancy）认为，"通过看电影、参观博物馆以及阅读或设计相关的图书，可以保持自己在视觉与概念上的判断力和满足感"。而电影海报是电影的浓缩，更加耐人寻味。以"爱在"三部曲的海报为例，在抽象的表达方式的背后，它们包含了很多结构化的信息和数据表达的思维（图 7-8）。

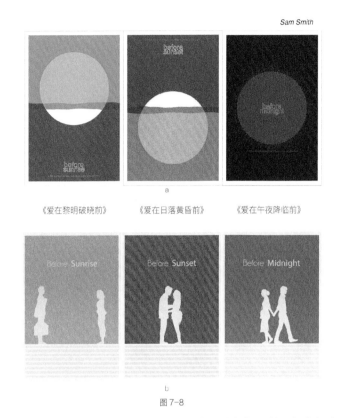

Sam Smith

《爱在黎明破晓前》　　《爱在日落黄昏前》　　《爱在午夜降临前》

图 7-8

在图 7-8a 所示的第一组海报中，色彩烘托出电影的气氛，前两幅海报中的圆形与水平面的相对位置代表着日出和日落，而第三幅海报中的夜空中的圆形则代表了午夜的月亮。在图 7-8b 所示的第二组海报中，色彩既与对应的时间段相呼应，又与电影中的情感相匹配，两位主角的相对位置和方向则代表着剧情的走向：从相遇到相识，从相惜到相恋，从相随到相守。

c. 漫画

漫画是一种用简单而夸张的手法去讲故事的形式。通过比喻、象征、映射等方法，一幅简单的漫画，往往蕴藏着丰富的哲理，耐人寻味。图 7-9a 所示的这幅漫画讲述了人的成长过程：书本象征着学识，钞票象征着财富，两者共同决定了人的视野。漫画所表达的信息通常是定性和非结构化的。但如果仔细研究，我们会从中找出一些结构化的信息，发掘出一些有趣的数据关系。

首先，漫画中的书本和钞票可以转换为学识和财富两个维度，于是矩阵模型中的 4 个象限对应着 4 种视野（图 7-9b）。在厘清了数据关系之后，因为不同图表之间是可以相互转化的，所以我们可以进一步画出一张维恩图。不难看出，如果人只有财富则容易被蒙蔽双眼，只有知识则视野会有一定的局限，而将两者相融合，在两圆相交的地方视野最佳（图 7-9c）。

a

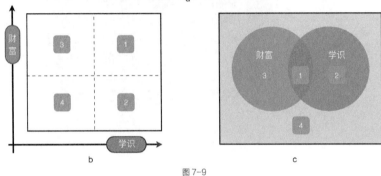

b   c

图 7-9

7.3.2　别被科技所束缚

a. 创造力曲线

　　如图 7-10 中的倒 U 形曲线所示，纵轴上创造力的高低，取决于横轴上约束性的强弱，这类似于前文介绍的耶基斯－多德森定律。当约束很弱时，虽然资源充沛，但我们的注意力不够集中，使得过多的选择影响了我们的创造力；反之，当约束过强时，虽然我们的注意力变得集中，但可用的资源非常有限，也限制了我们的创造力。如果掌握好约束的力度，找到注意力和资源之间的平衡点，我们将达到创造力的最佳水平。

　　其实也可以用"科技发展"作为横轴的维度，但方向相反。在科技不够发达时，用于创造的工具和材料非常有限，一定程度上限制了我们的创造力。随着科技的发展，信息量爆炸式增长，但我们的注意力变得难以集中，创造力也受到了影响。因此，只有认识到科技的局限性，协调好资源和注意力的关系，我们才能到达创造力的巅峰。

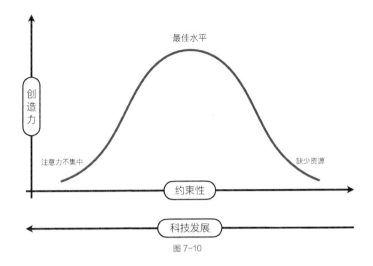

图 7-10

b. 时间碎片

图 7-11 绘制出了不同屏幕设备的每日使用次数和平均每次使用时间。就智能手表一类的小屏设备而言，虽然人们每次的使用时间短暂，但使用频繁，每天会查看近百次。而计算机一类的大屏幕设备，虽然人们的使用次数相对较少，但平均每次使用时间却很长。此外，还有手机和平板电脑等设备，其使用次数和平均使用时间都属于中等水平。人们每天的时间被大大小小的屏幕切割成了很多碎片，而同时被切割的还有人们的注意力和工作效率。

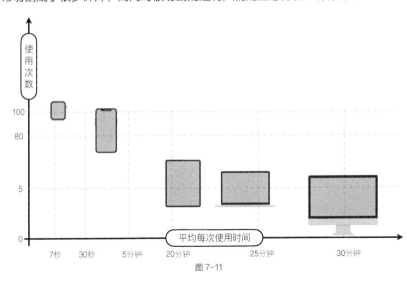

图 7-11

随着设备的日趋多样和用户体验的不断提升，看似人们每天的时间得到了充分的利用，但其实这些设备给人们制造了更多的时间碎片。我们需要明白，科技只是辅助工具，我们不能被其控制，更不能沉迷其中。如果仔细分析那些好的数据故事，其中最能与读者产生共鸣的是创意，而不是花哨的技术。

7.4　讲述生活中的故事

a. 保龄球的数据表达

其实生活中不乏数据表达的例子，我们要学会戴上产品经理的"帽子"，去发现并分析身边的数据故事。以保龄球的计分为例，两次投球和 10 个球瓶，一共可以产生 66 种情况，如何只用两个字符就把所有的情况都表达出来呢？通过图 7-12 所示的树形图，我们可以厘清其背后的逻辑：如果第一投击倒了所有的球瓶，则标记一个"X"，代表"全中"；如果没有全中，则从 0 到 9 中选择击倒的球瓶数作为第一个字符。

在第二投时，如果击倒了剩余的所有球瓶，则第二个字符标记为"/"，代表着"补中"；如果只击倒了一部分，则标记出击倒的球瓶数；如果没有击倒任何球瓶，则标记为"-"，也避免了同一个数值的重复出现。综上，我们通过 0 到 9 这 10 个数字以及"X""/""-"这 3 个符号，便表达出了所有的情况。而这里采用的树形图，清晰地阐述了这种标记方式的逻辑。

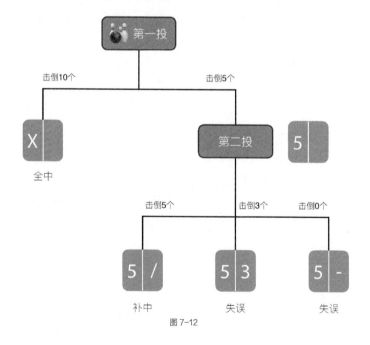

图 7-12

b."励志"曲线

在曾经广为流传的数字励志公式中，经过一年的积累，"每天进步一点点"和"每天退步一点点"形成了鲜明的对比。比起有些抽象的数字公式，图 7-13 所示的"励志"曲线可以更加直白地表达出这种差距的形成。其中，横轴代表一年中的 365 天，纵轴代表其数值。1.01 的 365 次方，可以达到 37.783；而 0.99 的 365 次方，则降低到了 0.026。两条曲线的天壤之别，体现了时间的力量。

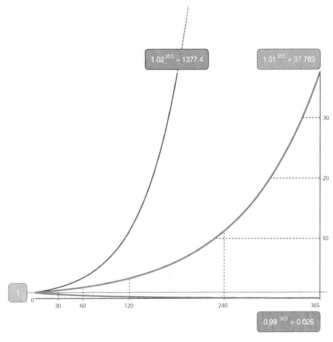

$$1.02^{365} = 1377.4$$

$$1.01^{365} = 37.783$$

$$0.99^{365} = 0.026$$

图 7-13

如果这里数值代表的是德行，那么就可以与那句古文相契合："勿以恶小而为之，勿以善小而不为。"从 1 到 0.99 看似只有 0.01 的松懈，但日积月累，结果终将差之千里；而从 1 到 1.01 看似只有 0.01 的提升，但时间会将其放大，从"滴水之恩"到"涌泉相报"。至此，该图表变成了一个有数据支撑的图文并茂的故事。此外，如果在努力一点点的基础上再多付出一点，可以达到意想不到的高度，其曲线甚至远远超出了图表的画幅。

c. 养老金饼形图

图表在工作中发挥了重要的作用，可以生动地传递信息，也可以高效地辅助决策。但其实在日常生活中，图表也可以支持个人的规划与决策。随着数据采集门槛的降低，以及越来越多的开放数据的出现，把图表用于日常生活成为一种趋势。如图 7-14 所示，这组饼形图讲述了人们在为将来的退休做准备时，养老储蓄需要在收入中占据的比例。其中横轴代表开始储蓄的年龄，纵轴代表计划退休的年龄，而每一张饼形图则代表养老储蓄的占比。

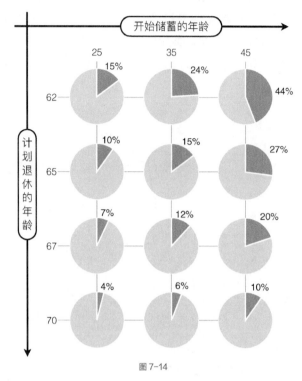

图 7-14

虽然饼形图的画幅利用率较低，但这组饼形图还是值得推荐的，特别是坐标轴决定的两种视觉流向。在横轴上，从左到右代表着开始储蓄的年龄越来越晚，从而需要将越来越多的收入放入养老储蓄。在纵轴上，从上到下代表着越晚退休，储蓄需要在收入中的占比可以越少。总体来看，就养老储蓄在收入中的占比而言，晚开始储蓄且早退休，要比早开始储蓄且晚退休多10 多倍。因此，提早计划并行动是更加稳妥和经济的选择。

d. Dear Data 项目

2015 年，位于大西洋两岸的信息设计师乔吉娅（Giorgia）与斯蒂芬妮（Stefanie）共同发起并完成了 "Dear Data"（亲爱的数据）项目。每周，她们会围绕一个话题去收集数据，并在明信片上手绘出相应的图表，然后邮寄给彼此。而在这个追求速度的信息化时代，这种 "慢数据" 形式，为项目增加了些许仪式感。最后，通过 52 个星期的积累，她们将这一百余张明信片集结成书，书名也叫 Dear Data，这本书用数据和图表向读者们讲述了她们生活中的点滴。

从数据采集的角度来讲，该项目证明了我们的生活中并不缺乏数据，而是缺少我们对生活的感知。两位作者以数据或者图表为语言来进行交流，而不是英语或其他某种语言。这两个人也并没有过硬的与数据相关的工作经验，但她们创作出了一些充满诗意的图表效果（图 7-15）。

图 7-15

7.5　让故事变得有趣

a. 叙事弧线

如图 7-16 中过山车一样的曲线所示，叙事弧线（Narrative Arc）通过故事进度和情绪程度两个维度，呈现了故事的 3 个阶段：在相对平静的开篇阶段，介绍故事背景和主要角色，并为冲突的形成埋下种子；在紧张的中间阶段，随着角色的成长、情节的推进、冲突的产生，故事进入了高潮，随后情节有所缓和；在重回平静的结局阶段，冲突得到了解决，故事的结尾还可以有一些升华。

在故事的高潮阶段，还会进入"啊哈时刻"（Aha Moment），读者会恍然大悟，并感叹原来如此。图表的读者一直在数据中寻找有价值的信息，但数据的庞杂成了绊脚石，而以图表呈现数据，特别是高亮的洞见部分，读者便可顿悟数据背后的规律或模式。此外，叙事弧线还与写作中的"起、承、转、合"相契合，都体现了故事的推进和角色情绪上的波动。

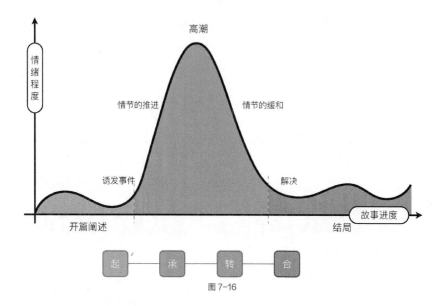

图 7-16

b. 虚实结合

　　一直使用常规的图表去讲故事，难免有些千篇一律，而把现实生活中的实物与图表相结合，会让图表故事变得耳目一新。设计师米歇尔（Michelle）的《是我想多了吗？》（*Am I Overthinking this?*）一书就是一个很好的例子。该书充满图表，并利用虚实结合的表达方式，涵盖了 101 个生活中的小问题：从日常生活的一日三餐，到邮件标题和人际关系。虽然有些过度思考，但这本书却帮我们识别出了身边的图表元素，启迪我们从平淡无奇的生活中发掘惊喜与仪式感（图 7-17）。

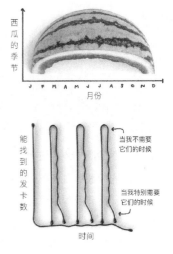

图 7-17

用西瓜皮取代弧线，既巧妙又贴切地表达出夏天才是吃西瓜的佳季节；用发卡取代折线，表达出日常生活中人们寻找发卡的场景，虽然有些琐碎，但却容易引起读者的共鸣。该书的文字注解部分更是把读者带到了恍然大悟的"啊哈时刻"。值得注意的是，书中的图表大多是概念模型，有的坐标轴也缺少精确的度量。但在阅读过程中，我们可以暂时忽略这些可视化的惯例，因为其创意价值和设计感超越了实用性。

c. 无序的线条

图 7-18 中那条杂乱无章的线条，却是著名的设计波浪线（Design Squiggle），常被人们引用。设计师达米安（Damien）为了在 30 秒内向客户传达设计过程的复杂和设计的价值，创作了这条可以表达情绪与感受的波浪线。其表达效果甚至超过了一些精心设计的图表和模型。随着波浪线从无序到有序，项目也从初步研究到发现见解，从创意概念到原型迭代，最终得到一个完整、确定的解决方案。

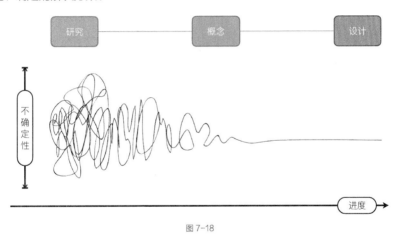

图 7-18

如果为波浪线添加上坐标轴，其纵轴上的波动代表了设计的不确定性，而横轴上的曲折代表了设计过程的推进。值得一提的是，如果设计方向出现偏差，项目进度会有后退的情况，这一点也通过波浪线的蜿蜒曲折表达出来。此外，设计波浪线还与双钻模型相契合，都体现了设计思路的收敛和设计过程的层层推进。

d. 粗略的线条

以漫画家仇吉祥的如下两幅作品为例，粗略的线条不但与漫画风格相契合，而且表达了主观而近似的数据。如图 7-19a 所示，语言的信息传达率是较为主观而难以衡量的，适合用手绘的线条去代表这种主观推测的数值。如图 7-19b 所示，为了简化信息，取整了每种姿势的时间，采用粗略的线条可以表达这种近似数值。从感性的角度来讲，这种线条不会给人呆板的印象，跟漫画轻松愉悦的氛围相匹配，在"眼球经济"时代更有吸引力。

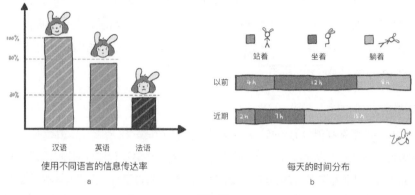

使用不同语言的信息传达率　　　　　每天的时间分布
a　　　　　　　　　　　　　　　b

图 7-19

　　值得思考的一点是，如果数据本身是不确定或不精确的，那么与清晰完美的线条相比，或许粗略的线条更适合表达这种不确定性。在解读图表时，受众更容易将这种粗略性与数据的不确定性相关联，进而更准确地完成信息的传递。此外，就像产品设计初期的原型图一样，用粗略的线条勾画出来的图表，更容易收集读者的反馈。

商业数据的可视化，可以让信息的传递更加高效和有趣，是职场人不可或缺的技能。本书介绍了多种商业数据，如产品与服务、客户与市场、利润与商业模式、组织与运营的视觉表达方法，覆盖了日常数据使用和汇报的主要情景。本书为数据从业者梳理了数据可视化的流程，书中具有代表性的案例也能为读者打开分析、解决问题的思路，培养可视化思维。

邢袖迪

从事数据相关的工作超过十年，涉及互联网、物联网、酒店、航空、金融等行业，先后担任产品经理、用户增长分析师、商业智能分析师、数据可视化工程师等；本科毕业于山东大学计算机学院电子商务系，后分别于爱丁堡大学和伦敦政治经济学院获运筹学硕士和决策科学硕士学位；著有《智能家居产品——从设计到运营》一书。

插画：仇吉祥　封面设计：清格印象

异步社区 www.epubit.com
新浪微博 @人邮异步社区
投稿/反馈邮箱 contact@epubit.com.cn

ISBN 978-7-115-58366-6

9 787115 583666 >

分类建议：办公/数据可视化

人民邮电出版社网址：www.ptpress.com.cn

定价：59.80 元